改訂版 数学公式の はなし

●楽しく学ぶ先人の知恵

大村 平著

日科技連

ま　え　が　き

　数学の本を，ただ1冊だけ手元におくなら，この本をどうぞ……
と，おおそれた志を抱いて「数学公式のはなし」を書きはじめよう
と思います．

　僅か260余ページのB6判に，高校レベルの数学のほとんどを書
き尽くそうというのですから，どうしても公式を列挙しながら話を
進めることになるでしょう．なんといっても公式は，格言などと同
じように先人の知恵の固まりですから，効率よく話を進めるため
に，それを利用しない手はないのです．

　とはいうものの数学の公式集なら，すでにたくさんの本が出版さ
れ店頭に並んでいるではありませんか．なにもいまさら，という気
がしないでもありません．

　ところがよく調べてみると，大学受験などを念頭においた公式集
は，試験問題に公式をどう当てはめるかのテクニックに重点がおか
れていて，公式そのものの意味やその由来などにはほとんど触れて
いません．これでは楽しくもないし，実生活とのかかわりも少ない
ので，試験が終わったら二度とひもとく気にはならないでしょう．
いっぽう，ぶ厚い専門的な公式集も少なくありませんが，こちらの
ほうは，数学のプロではない一般の方にとっては，立派すぎるばか
りか使い勝手がよくありません．ふつうの方にとって不必要な公式
が90%以上を占めているし，馴染の少ない数学的表現が多いから
です．

　そこで，数学の公式集のような体裁をとり，実生活の必要に応じ

て公式を活用できるように配慮するとともに，一冊の読み物として
も一貫性のある実用書を書いてみようと思い立ったわけです．もし，この試みが成功すれば，それは偏差値エリートではなく，実社会にとって有益なほんとうのエリートの糧として，いくらか貢献できるのではないかとの思いを込めて，です．

　その代り，紙面を節約したり，数学的な気むずかしさを和らげるために，数学に必要な厳密さをいくらか犠牲にすることをお許しいただかなければなりません．公理も定理も公式もごちゃ混ぜにしてしまうし，常識的に混乱する心配のないところでは，たとえば，$x \geqq 0$ というような前提条件や制約条件の一部も省略することになりそうですから……．

　いずれにしても，この本の出来栄えについては読者のみなさま方の評価を待たなければなりません．なんべんもページをめくられて手垢がついた「数学公式のはなし」が日本の各地に散在することを夢みて，勇敢にペンをすすめていこうと思います．

　最後になりましたが，30年近くにわたって私に出版の機会を与えつづけてくださる日科技連出版社の方々，とくに，その間ずっと私と二人三脚を組んでくれた山口忠夫次長に，厚くお礼を申し上げます．

平成 7 年 12 月

大　村　　平

　この本の初版が出版されてから，早 25 年近い歳月が過ぎました．初版のまえがきに，「なんべんもページをめくられて手垢がついた「数学公式のはなし」が日本の各地に散在することを夢みて」と書きましたが，20 数年間の間，ずっと気になっていました．

　手垢がついているかどうかはともかく，幸いにして思いがけない
ほど多くの方に読んでいただき，こうして改訂版出版のお話しもい
ただきました．

　はなしシリーズの改訂版も，この本で 22 冊を数えるまでになり
ました．私も齢 90 を重ねるまでになりましたが，これから先も，こ
のシリーズが多くの方々のお役に立てるなら，これに過ぎる喜びは
ありません．

　なお，改訂にあたっては，煩雑な作業を出版社の立場から支えて
くれた，塩田峰久取締役に深くお礼申し上げます．

　令和 2 年 4 月

大　村　　平

目　　次

x

まんが　荒 川 養 子

1. 数と式の常識

── たすき掛けとはなんだ ──

　数や式の四則演算(足し算, 引き算, 掛け算, 割り算)は数学の根源です. この章では四則演算を基礎にして, もう少し先まで足を延ばします. 掛け算をなんべんも繰返す状況に対処するための指数や対数, 順列や組合せとか数列などの代表的な取扱いなど, あとの章の下地になるテクニックを取り扱いますので, この章だけは, ざっとでもいいので目をとおしてください.

1.1 比 の 計 算 「a と b の比」と「c と d の比」が等し
い，すなわち，$a:b=c:d$ ということは $\dfrac{a}{b}=\dfrac{c}{d}$ ということで
あり，そのとき，つぎの法則が成立します．

$$ad=bc \tag{1}$$

$$\frac{a}{b}=\frac{a\pm c}{b\pm d} \tag{2}$$

$$\frac{a+c}{a-c}=\frac{b+d}{b-d} \tag{3}$$

$$\frac{a\pm b}{a-b}=\frac{c\pm d}{c-d} \tag{4}$$

$$\frac{a\pm b}{a}=\frac{c\pm d}{c} \tag{5}$$

$$\frac{a\pm b}{b}=\frac{c\pm d}{d} \tag{6}$$

これらの公式の中には，±という 2 階建ての符号を含むものがあ
ります．これは紙面を節約するなどの目的で，2 つの式を同時に書
いてしまうための便法です．たとえば，式(2)は

$$\frac{a}{b}=\frac{a+c}{b+d} \quad と \quad \frac{a}{b}=\frac{a-c}{b-d}$$

の両式をいっしょに書いてしまったものですし，また，式(6)は

$$\frac{a+b}{b}=\frac{c+d}{d} \quad と \quad \frac{a-b}{b}=\frac{c-d}{d}$$

の両式が成り立つことを意味します．ただし，上階と下階の符号を
混用して

$$\frac{a+b}{b}=\frac{c-d}{d} \quad や \quad \frac{a-b}{b}=\frac{c+d}{d}$$

などと，やってはいけません．ときには

$$\sin(\pi\pm\theta)=\mp\sin\theta \qquad (59\text{ページで再会予定})$$

のように，± と ∓ が混在することもありますが，その場合は，上階の符号どうし，あるいは下階の符号どうしを採用して

$$\sin(\pi+\theta)=-\sin\theta \quad \text{と} \quad \sin(\pi-\theta)=\sin\theta$$

が成立することを意味します．

　± の符号は紙面を節約するために，この本でも各所で使いますので，ご案内が少々くどくなってしまいました．ごめんなさい．

[例題1] 田中家と塩田家のエンゲル係数が等しいとしましょう．すなわち

田中家の消費支出を b　　そのうち，食費を a　⎫
塩田家の消費支出を d　　そのうち，食費を c　⎭ とすると

$\dfrac{a}{b}=\dfrac{c}{d}$ なのです．そのとき，両家をいっしょにしたエンゲル係数もこれらに等しいことを証明してください．

[答] 両家をいっしょにした食費は $a+c$，消費支出は $b+d$ です．したがって，両家をいっしょにしたエンゲル係数は

$$\frac{a+c}{b+d}$$

ですが，これは公式(2)によって，田中家のエンゲル係数 a/b に等しいことが明らかです．

[例題2] 田中家と塩田家とでは，消費支出のうちで食費以外の支出が占める割合が等しいことを証明してください．

[答] 食費以外が占める割合は，田中家では $\dfrac{b-a}{b}$，塩田家では $\dfrac{d-c}{d}$ です．公式(6)のマイナス符号の部分を採用すると

$$\frac{a-b}{b}=\frac{c-d}{d} \qquad 故に \qquad \frac{b-a}{b}=\frac{d-c}{d}$$

ですから，両家の食費以外の割合が等しいことがわかりました．

[例題 3] $p:q=q:r=r:s$ であるとき，p と s の比を q と r とで表わしてください．

[答] $\dfrac{p}{q}=\dfrac{q}{r}=\dfrac{r}{s}$ と書き直し，左辺と中央について公式(1)を使うと

$$pr=q^2 \qquad \therefore \quad p=\frac{q^2}{r} \tag{7}$$

また，中央と右辺について公式(1)を適用すると

$$qs=r^2 \qquad \therefore \quad s=\frac{r^2}{q} \tag{8}$$

式(7)を式(8)で割れば

$$\frac{p}{s}=\frac{q^2}{r}\Big/\frac{r^2}{q}=\frac{q^2}{r}\frac{q}{r^2}=\frac{q^3}{r^3}$$

となります．

公式(1)〜(6)が成立する理由　　まず，

$$\frac{a}{b}=\frac{c}{d} \tag{9}$$

の両辺に bd を掛けてみてください．いっきに

$$ad=bc \qquad\qquad\qquad (1)と同じ$$

となって公式(1)が現われます．ここで，式(9)と式(1)を見較べてください．式(9)の両辺の分子と分母をたすき掛けに掛け合わせたものが，式(1)の両辺に現われているではありませんか．比の計算では，斜め十文字に掛け合わせるたすき掛けが，非常に役に立つことが多

いようです.

　つぎへ進みます. 公式(2)を証明してみましょう. そのために
は, 公式(2)をたすき掛けして

$$a(b\pm d)=b(a\pm c)$$

を証明すれば, いいはずです. この式を変形すると

$$ab\pm ad=ab\pm bc \quad \therefore \quad \pm ad=\pm bc$$

$ad=bc$ であることはすでに証明ずみですから, 公式(2)も証明され
たことになります.

　同様に, 公式(3)〜(6)についても, たすき掛けをしてみてくださ
い. いずれも容易に $ad=bc$ の形にいき着き, あっという間に証明
できますから…….

　参　考　　(1)　$a:b$ を「a の b に対する比」といい, a は b のな
ん倍かを表わしますから, 分数で書けば a/b です.

　(2)　$a:b=b:c=c:d$ のようなとき, これらを**連比例**といいます.

比の計算は たすき掛け

1.2 指 数 法 則 a と b が正の数なら

$$a^m \times a^n = a^{m+n} \tag{1}$$

$$\frac{a^m}{a^n} = a^{m-n} \qquad (a \neq 0) \tag{2}$$

$$(a^m)^n = a^{mn} \tag{3}$$

$$a^{\frac{p}{q}} = \sqrt[q]{a^p} = (\sqrt[q]{a})^p \qquad (p \ \text{と} \ q \ \text{は正の整数}) \tag{4}$$

$$(ab)^n = a^n b^n \tag{5}$$

例題 1 $\dfrac{a^3 \times a^4}{a^5}$ を計算してください.

答   公式 (1) と公式 (2) を使って

$$a^3 \times a^4 \times a^{-5} = a^{3+4-5} = a^2$$

とスマートに流したいものです.

例題 2   地球の体積はおおよそ $1.1 \times 10^{12} \mathrm{km}^3$ で,太陽の体積はおおよそ $1.4 \times 10^{18} \mathrm{km}^3$ です.太陽の体積は地球のそれのなん倍くらいでしょうか.

答 $\dfrac{1.4 \times 10^{18}}{1.1 \times 10^{12}} = \dfrac{1.4}{1.1} \times 10^{18-12} \fallingdotseq 1.3 \times 10^6$ (倍)

です.10^4 が 1 万,10^6 が 100 万ですから,約 130 万倍ということになります.

例題 3 5^9 を,$\boxed{x^2}$ のキーがあるだけで,$\boxed{x^y}$ のキーがない関数電卓で求めてください.

答   公式 (3) を利用すると

$$5^9 = 5^8 \times 5 = \{(5^2)^2\}^2 \times 5$$

ですから,$\boxed{5}\,\boxed{x^2}\,\boxed{x^2}\,\boxed{x^2}\,\boxed{\times}\,\boxed{5}\,\boxed{=}$ で,1,953,125 が求まります.た

だし，$\boxed{x^2}$ のキーもない事務計算用の電卓で 5^9 を計算するとすれば，つぎのように計算するほかないでしょう．

──表示された 625 を覚えて

──表示された 25 を覚えて

$\boxed{\text{例題 4}}$　$\sqrt[4]{3^8}$ を計算してください．

$\boxed{\text{答}}$　公式(4)を利用すると

$$\sqrt[4]{3^8}=3^{\frac{8}{4}}=3^2=9$$

$\boxed{\text{例題 5}}$　$5^4\times6^4\times7^4$ は，いくらですか．

$\boxed{\text{答}}$　もちろん，5^4 と 6^4 と 7^4 をそれぞれ計算したうえで，それらを掛け合わせれば求められますが，そのためには，5^4，6^4，7^4 の計算結果をメモに残してから掛け合わせなければなりません．そこで，公式(5)を利用して

$$5^4\times6^4\times7^4=(5\times6\times7)^4=\{(5\times6\times7)^2\}^2$$

とすれば，$\boxed{5}\boxed{\times}\boxed{6}\boxed{\times}\boxed{7}\boxed{=}\boxed{x^2}\boxed{x^2}$ で，いっきに 1,944,810,000 が求まります．

公式(1)〜(5)の根拠　　これらの公式のうち

$$a^m\times a^n=\overbrace{(a\times\cdots\times a)}^{m\,\text{個}}\times\overbrace{(a\times\cdots\times a)}^{n\,\text{個}}=\overbrace{a\times\cdots\times a\times a\times\cdots\times a}^{m+n\,\text{個}}$$
$$=a^{m+n}$$

$$\frac{a^m}{a^n}=\frac{\overbrace{a\times\cdots\times a}^{m\,\text{個}}\times\overbrace{a\times\cdots\times a}^{n\,\text{個}}}{\underbrace{a\times\cdots\times a}_{n\,\text{個}}}=\overbrace{a\times\cdots\times a}^{m-n\,\text{個}}=a^{m-n}$$

$$(a^m)^n = (\overbrace{a \times \cdots \times a}^{m\text{個}}) \times (\overbrace{a \times \cdots \times a}^{m\text{個}}) \times \cdots \times (\overbrace{a \times \cdots \times a}^{m\text{個}}) = a^{mn}$$

（ ）が n 項

$$(ab)^n = \overbrace{(a \times b) \times \cdots \times (a \times b)}^{（ ）が\ n\ 項}$$

$$= (\overbrace{a \times \cdots \times a}^{n\text{個}}) \times (\overbrace{b \times \cdots \times b}^{n\text{個}}) = a^n b^n$$

などは，直感的になっとくできるように思われます．しかしそれは，m と n が正の整数であるとみなして，m や n の個数をかぞえたからなっとくできたのであり，m や n がマイナスの値や有理数（分数で表わすことができる数）の場合には，たぶん悩んでしまうでしょう．

そこで，

$$a^{-n} = \frac{1}{a^n} \tag{6}$$

$$\sqrt[n]{a} = a^{\frac{1}{n}} \tag{7}$$

と約束することにしましょう．まず，式(6)のほうを見てください．たとえば，$n=2$ の場合，$a^{-2} = \dfrac{1}{a^2}$ ですから

公式(1)で，$m=4$ なら　$a^4 \times a^{-2} = a^{4-2} = a^2$

公式(2)で，$m=4$ なら　$\dfrac{a^4}{a^2} = a^{4-2} = a^2$

私たちの常識では　　$a^4 \times \dfrac{1}{a^2} = a^2$

の関係が気持ちよく一致します．したがって，式(6)の約束は理に適っているし，n がマイナスの範囲にある a^n にも意味があり，計算も

できることに同意できるというものです.

つづいて, 式(7)の約束のほうです. この約束にしたがえば, たとえば, $\sqrt[3]{a}=a^{\frac{1}{3}}$ ですから

$$(\sqrt[3]{a})^3=(a^{\frac{1}{3}})^3=a^{\frac{1}{3}\times 3}=a$$

となって, 公式(3)ともつじつまが合います. さらに, p と q とを正の整数とすると

$$\sqrt[q]{a^p}=(a^p)^{\frac{1}{q}}=a^{\frac{p}{q}}=(a^{\frac{1}{q}})^p=(\sqrt[q]{a})^p$$

という仕掛けで, 公式(4)も合点がいきます.

このように, 式(6)と式(7)の約束は, 私たちの5つの指数法則をいつでも成立させてしまいます. そして, この約束は, 指数法則ばかりでなく, 他の数学にも違和感なく, ぴったりとはめ込まれているのですから, 私たちは安心して5つの指数法則を利用することにしましょう.

参　考　(1)　$a^0=1$ です. これも指数法則を成立させる約束のひとつと考えていいかもしれません. なぜ, このように約束するのかについては, 248ページの付録(2)をごらんください.

(2)　a を n 個かけ合わせたものを a の n 乗といい, a^n と書くことは周知のとおりです. 一般に, a をなん乗かしたものは a の **累乗** と呼ばれます. また, a の肩に書かれた n を **指数** といいます. なお, a^n の指数 n を変数として a^x などと書かれた関数を **指数関数** といいます.

(3)　指数という用語は, 前記のほか, 物価指数や賃金指数のように, ある時期の 価(あたい) を100として他の時期の 価(あたい) を表わす数値を指すことも少なくありません.

> **1.3 対　　数**　$y=a^x$ のとき,「x は a を底とする y の**対**
> **数である**」といい, $x=\log_a y$ と書きます ($a>0$, $a\neq1$). 対数
> には, つぎの性質があります.
>
> $$\log_a (RS)=\log_a R+\log_a S \qquad (1)$$
>
> $$\log_a \frac{R}{S}=\log_a R-\log_a S \qquad (2)$$
>
> $$\log_a R^n=n\log_a R \qquad (3)$$
>
> $$\frac{\log_a R}{\log_a S}=\log_s R \qquad (4)$$

例題1　$\log_2 16$ は, いくらでしょうか.

答　$\log_2 16=x$ とおくと, 対数の約束によって

$$2^x=16 \qquad 故に \quad x=4$$

例題2　$\log_e \dfrac{x^2 y^3}{z^4}$ を変形して, x と y と z の項に分離してくださ
い.

答　まず, 公式(1)と公式(2)を使います.

$$\log_e \frac{x^2 y^3}{z^4}=\log_e x^2+\log_e y^3-\log_e z^4$$

これで, x と y と z とは別々の項に分離されましたが, ついでです
から, さらに公式(3)を適用すると

$$=2\log_e x+3\log_e y-4\log_e z$$

となります. 元の式と較べると, ずいぶん穏やかになったもので
す.

例題3　対数を用いて実用的な計算をするとき, よく使われる底

の値は，2，e（後述），10 などです．つまり

$$\log_2 x, \quad \log_e x, \quad \log_{10} x$$

などがよく使われるのですが，これらの間には単純な比例関係があり，互いに容易に換算できます．それを証明してください．

答　底が異なる 2 つの対数

$$y = \log_a x \quad と \quad y = \log_b x$$

の関係を調べてみましょう．まず，$y = \log_b x$ を

$$b^y = x$$

の形に直します．= で結ばれた両辺に同じ操作を加えても，= は変わりませんから，この両辺について a を底とする対数をとると

$$\log_a b^y = \log_a x$$

$$\therefore \quad y \log_a b = \log_a x$$

ここで，y を始めの形に戻せば

$$\log_b x \cdot \log_a b = \log_a x \tag{5}$$

となりますが，a も b も定数なので $\log_a b$ も 1 つの定数にすぎませんから，これを k とでも書けば

$$k \log_b x = \log_a x \tag{6}$$

です．こうして，一般に a と b とを底とする対数どうしは，単純な比例関係にあることが証明されました．

　なお，式(5)の x を R に，b を S に変えてみていただけませんか．公式(4)が現われるはずです．こうして，公式(4)の証明もできてしまいました……．

例題 4　$5^x = 3^{2x-1}$ になるような x の値を求めてください．

答　両辺の対数をとりましょう．底はなんでもいいのですが，とりあえず空白にしておきます．

$$\log 5^x = \log 3^{2x-1}$$

$$\therefore \quad x \log 5 = (2x-1)\log 3$$

これを x について解くと

$$x = \frac{\log 3}{2\log 3 - \log 5} \tag{7}$$

が求まります．これが答えです．見てください．右辺は対数の 1 次式どうしの比にすぎません．いっぽう私たちは前の例題で，異なる底を持つ対数どうしは単純な比例関係にあることを知っています．したがって，式(7)は底のいかんにかかわらず同じ値になるはずです．

　ちなみに，ふつうの電卓では $\boxed{\log}$ のキーは 10 を底とする対数ですから，このキーで計算してみると

$$x \fallingdotseq \frac{0.4771}{0.9542 - 0.6990} \fallingdotseq 1.87$$

また，e を底とする対数のキー $\boxed{\ln}$ で計算すると

$$x \fallingdotseq \frac{1.099}{2.197 - 1.609} \fallingdotseq 1.87$$

というぐあいです．

公式(1)〜(3)が成り立つ理由　　$\log_a R = r$, $\log_a S = s$ とおけば

$$a^r = R, \quad a^s = S \quad \text{だから} \quad RS = a^r a^s = a^{r+s}$$

です．したがって

$$\log_a(RS) = r + s = \log_a R + \log_a S$$

であり，公式(1)が導かれました．また

$$\frac{R}{S} = \frac{a^r}{a^s} = a^{r-s} \qquad \text{ですから}$$

$$\log_a \frac{R}{S} = r - s = \log_a R - \log_a S$$

となり，公式(2)が成立することもわかります．さらに

$$a^r = R \quad なら \quad R^n = (a^r)^n = a^{nr} \quad だから$$

$$\log_a R^n = nr = n \log_a R$$

というぐあいに，公式(3)も証明されます．

参考 (1) $\log_a 1 = 0$, $\log_a a = 1$ です．

(2) 対数の底に 10 がよく使われるのは，10 進法に馴れた私たちにとって，10 がいちばん使いやすい値だからです．そのため，10 を底とした対数を**常用対数**といいます．これに対して，$e(2.7182\cdots)$ という値が使われるのは，e^x は微分しても積分しても e^x のままであるとか，$\log_e x$ を微分すると $1/x$ という単純な値になるなど，数学の運算に便利だからです．e を底とした対数は**自然対数**と呼ばれています．また，情報の世界では 2 進法が幅を効かせているので，2 を底とした対数も使われることがあります．

$$\log_e x = 2.303 \log_{10} x$$

$$\log_2 x = 3.322 \log_{10} x$$

です．

(3) e は，つぎのように定義された値であり，π と並んで数学には欠かせない重要な値のひとつです．

$$e = \lim_{n \to \infty} \left(1 + \frac{1}{n}\right)^n$$

(4) 常用対数による数値計算の方法は 257 ページをごらんください．

> ## 1.4 順　　列
> 異なる n 個のものから r 個を取り出し
> て，1 列に並べる並べ方の数を順列の数といい，$_nP_r$ と書き
>
> $$_nP_r = \frac{n!}{(n-r)!} \tag{1}$$
>
> で計算されます．$n!$ は n の**階乗**と呼ばれ
>
> $$n! = n(n-1)(n-2)\cdots 3\times 2\times 1 \tag{2}$$
>
> です．ただし，$0!=1$ と約束します．

例題 1 ベンチ入りしている 12 人の選手から 9 人を選んで，1 番
から 9 番までの打順を決めようと思います．なんとおりの打順が作
れるでしょうか．

答 公式 (1) の n には 12，r には 9 を代入すると

$$_{12}P_9 = \frac{12!}{(12-9)!} = \frac{12\times 11\times \cdots \times 4\times 3\times 2\times 1}{3\times 2\times 1}$$

$$= 12\times 11\times \cdots \times 4 = 79{,}833{,}600 \text{ とおり}$$

なんと，たった 12 人の選手から先発メンバー 9 人の打順を選ぶだ
けでも，約 8 千万とおりの打順ができることがわかりました．した
がって，すべての打順を書き出して比較検討することなど，できな
い相談です．やはり，打順の編成は監督の勘に頼らざるを得ないよ
うですね．

公式 (1) が成り立つ理由 n 個の中から最初の 1 つを取り出す
選び方は n とおりあります．つづいて，残りの $(n-1)$ 個の中から
2 番めのものを取り出す選び方は $(n-1)$ とおりです．そして，この

$(n-1)$ とおりは，最初の n とおりのどの場合についても選択が可能ですから，つまるところ，n 個の中から 2 個めまでを取り出して並べる並べ方は

$n(n-1)$ とおり

あることになります．あとは同様に，n 個の中から 3 個めまでを取り出して並べる並べ方は

$n(n-1)(n-2)$

であり，n 個の中から r 個を取り出した並べ方は

$$_nP_r = \overbrace{n(n-1)(n-2)\cdots(n-r+1)}^{r項} \tag{3}$$

であることがわかります．このままでもいいのですが，式の形をきれいに整えるために，この式の右辺に

$(n-r)\cdots\times3\times2\times1$

を掛けたうえで，同じもので割りましょう．

$$_nP_r = \frac{n(n-1)(n-2)\cdots(n-r+1)(n-r)\cdots\times3\times2\times1}{(n-r)\cdots\times3\times2\times1}$$

$$= \frac{n!}{(n-r)!}$$

こうして，公式(1)ができ上りました．

関連する公式 —— その 1　　異なる n 個のもので作る順列の数は

$$_nP_n = n! \tag{4}$$

で計算できます．式(3)の右辺が n 項めの 1 まで掛け合わされるのですから，当然といえるでしょう．

たとえば，A，B，C，D，E，F の 6 人を 1 列に並べる順列は

6×5×4×3×2×1＝720 とおり

あります.

関連する公式 —— その2　異なる n 個のものを円形に並べる並べ方を**円順列**といい, その数は

$$(n-1)! \tag{5}$$

で求められます. 異なる n 個のものの列の先頭と尻とが接していて, 接点が n 個の席のどこにあっても, 同じ円順列とみなされます. だから円順列の数は, 1列に並べる順列の数 $n!$ の n 分の1なのです. たとえば,

ABCDEF　　BCDEFA　　CDEFAB

DEFABC　　EFABCD　　FABCDE

の6種は, 順列としては別物ですが, 円順列としては同じものとみなすことができます. したがって, 6人の円順列は

720/6＝120 とおり

です.

なお, 異なる n 個のものをじゅずに連ねる並べ方は**数珠順列**と呼ばれますが, 数珠順列の数は円順列の 1/2 に減ります. なにしろ, 数珠というのは, たくさんの玉を糸で貫通して連ね, ひとつの輪にしたものなので, 異なる n 個の玉を右回りに連ねても, 左回りに連ねても, 裏返してみれば同じ並び方だからです. つまり,

ABCDEF　と　FEDCBA

とは円順列としては別物ですが, 数珠順列としては同じものとみなされてしまうのです.

関連公式 —— その3　異なる n 個のものから, 重複を許して r 個を取り出して1列に並べる並べ方を**重複順列**といい, その数は

$_n\Pi_r$ で表わされ

$$_n\Pi_r = n^r \tag{6}$$

です．1 個めも，2 個めも，……，r 個めも，n 個の中から選べるからです．たとえば，0 から 9 までの 10 個の文字で作れる 4 桁の電話番号の数は

$$10^4 = 10,000 \text{ とおり}$$

というわけです．

参　考　　(1)　$_nP_r$ の P は，Permutation（順列）の頭文字に由来しています．

(2)　$n!$（n の階乗）の値は，n が大きくなるにつれて，みるみるうちに驚異的な大きさになっていきます．その有様を右の表で見てください．$n!$ を「n のビックリマーク」とふざけて読むことがあるくらいです．したがって，n が大きい場合に $n!$ に遭遇したら，やっかいな計算になるぞと覚悟したほうがいいでしょう．

(3)　$0! = 1$ と約束すると書きました．なぜ，このように約束するのかについては，$a^0 = 1$，$_nC_0 = 1$ などの約束とともに 248 ページの付録(2)で補足するつもりです．

ビックリマークの値

n	n!
1	1
2	2
3	6
4	24
5	120
6	720
7	5,040
8	40,320
9	362,880
10	3,628,800
11	39,916,800
12	479,001,600
13	6,227,020,800
14	87,178,291,200
15	1,307,674,368,000

1.5 組 合 せ

異なる n 個のものから r 個を取り出す選び方の数を組合せの数といい, $_nC_r$ と書き

$$_nC_r = \frac{_nP_r}{r!} = \frac{n!}{r!(n-r)!} \tag{1}$$

で計算されます. なお, $_nC_0 = 1$ と約束します.

例題 1 ベンチ入りした 12 人の選手から 9 人のスターティング・メンバーを選ぶ組合せの数は, なんとおりでしょうか.

答 公式(1)の n には 12, r には 9 を代入します.

$$_{12}C_9 = \frac{12!}{9! \times (12-9)!}$$

$$= \frac{12 \times 11 \times 10 \times 9 \times 8 \times \cdots \times 2 \times 1}{(9 \times 8 \times \cdots \times 2 \times 1) \times (3 \times 2 \times 1)}$$

$$= \frac{12 \times 11 \times 10}{3 \times 2 \times 1} = \frac{1320}{6} = 220 \text{ とおり}$$

例題 2 5 本の平行線があります. これに交わるように 3 本の平行線を引くと, いくつの平行四辺形ができますか. 小さな平行四辺形ばかりでなく, 大きな平行四辺形も見落さないでください.

答 5 本の平行線から 2 本を取り出し, 3 本の平行線からも 2 本を取り出すと, この 4 本で 1 つの平行四辺形ができ上ります. したがって, 5 本の平行線に交わる 3 本の平行線で作り出される平行四辺形の総和は

$$_5C_2 \times _3C_2 = \frac{5!}{2! \times 3!} \times \frac{3!}{2! \times 1!} = 30$$

となります. 図を描いて注意深くかぞえてみていただけませんか.

公式(1)が成り立つ理由　　異なる n 個のものから r 個を取り出す順列の数 $_nP_r$ と，組合せの数 $_nC_r$ との関係を考えてみます．r 個を取り出すところまでが $_nC_r$ とおりであり，その r 個を 1 列に並べるところまでを考えると $_nP_r$ とおりです．そして，r 個を 1 列に並べる並べ方は，15 ページの公式(4)のように $r!$ とおりあるのですから，$_nP_r$ のほうが $_nC_r$ の $r!$ 倍だけ多いにちがいありません．したがって，公式(1)が成り立つのです．

関連する公式 —— その 1

$$_nC_r = {_nC_{n-r}} \tag{2}$$

n 個の中から r 個を指定して取り出すということは，n 個のうち $(n-r)$ 個を指定して残留させ，他の r 個を取り出すということと同じ作業ですから……．

関連する公式 —— その 2　　n 個のもののうち，p 個は同じもの，q 個は他の同じもの，r 個はさらに別の同じもの，…であるとき，n 個のぜんぶを 1 列に並べる順列の数は

$$_nC_p \times {_{n-p}C_q} \times {_{n-p-q}C_r} \times \cdots = \frac{n!}{p!\,q!\,r!\cdots} \tag{3}$$

です．なぜかというと，つぎのとおりです．

n 個の座席のうち，まず，p 個を指定します．その指定の仕方は $_nC_p$ とおりあります．つぎに，残っている $n-p$ 個の座席のうち q 個を指定します．この指定の仕方は $_{n-p}C_q$ です．さらに，残っている $n-p-q$ 個の座席のうち r 個を指定するのですが，その方法は $_{n-p-q}C_r$ とおりあります．以下，同様です．こういうわけで，同じものを含む場合の順列の数は公式(3)の左辺のようになり，これを公式(1)によって変形すると，右辺が現われてくるのです．

関連する公式 —— その3　　異なる n 個のものから重複を許して r 個を取り出す組合せの数を $_nH_r$ で表わすと

$$_nH_r = _{n+r-1}C_r \tag{4}$$

です．その理由は…ちょっとした頭の体操です．

　かりに，ABCD という4文字から重複を許して6文字を選び，同じ文字どうしをくっつけて並べたとしましょう．

　　　BB｜AA｜C｜D

のようにです．この中に記入した縦線は，異なる文字のグループの境界線です．組合せの数を考えようというのですから，文字のグループの順序は入れ換ってもかまいません．また，境界線の数は文字の種類から1を引いた値（いまの例では3）を超すことはありません，そうすると，文字を〇，境界線を｜で表わすなら，私たちの問題は，〇が6個と｜が3本とで作られる順列，たとえば

　　　〇〇｜〇〇｜〇｜〇，　　〇｜〇〇〇〇〇‖，　　…

のような順列が，なんとおりあるかという問題に帰着します．一般的にいえば，〇が r 個，｜が $(n-1)$ 本でできる順列は，なんとおりか，つまり，〇と｜とを加えて $(n+r-1)$ 個あり，そのうち〇が r 個で｜が $(n-1)$ 個を1列に並べる順列の数はいくつか，ということです．それは，公式(3)によって

$$\frac{(n+r-1)!}{r!(n-1)!}$$

です．そして，これは公式(4)の右辺の $_{n+r-1}C_r$ と同じです．

　参　考　　(1)　$_nC_r$ の C は，Combination(組合せ)の頭文字です．なお，$_nC_r$ の代りに $\binom{n}{r}$ と書くこともあります．

　(2)　$_nC_r$ は，**二項係数**とも呼ばれます．つぎの式を見ていただき

ましょう.

$$(a+b)^n = {}_nC_0\,a^n + {}_nC_1\,a^{n-1}b + {}_nC_2\,a^{n-2}b^2 + \cdots$$
$$+ {}_nC_r\,a^{n-r}b^r + \cdots + {}_nC_n\,b^n$$

$(a+b)^n$ という 2 項の累乗を展開すると，各項の係数に ${}_nC_r$ が見事に並んでいるではありませんか(25 ページ参照).

(3) いろいろな n と r について ${}_nC_r$ の値を列記すると，下の表のようになります．この数表には興味深い性質があります．数表の中に点線で囲った例では，上段の 21 と 35 を加えると下段の 56 になっていますが，このような関係がどこでも成立するのです．この関係を利用すれば，表は下方へいくらでも増築することができます．三角形に配列されたこのような数表は**パスカルの三角形**と愛称されて，確率計算など多方面で活用されています.

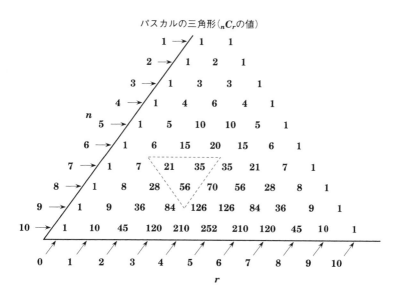

パスカルの三角形(${}_nC_r$の値)

1.6 式の掛け算と因数分解

$$(a \pm b)^2 = a^2 \pm 2ab + b^2 \tag{1}$$

$$(a+b)(a-b) = a^2 - b^2 \tag{2}$$

$$(x+a)(x+b) = x^2 + (a+b)x + ab \tag{3}$$

$$(ax+b)(cx+d) = acx^2 + (ad+bc)x + bd \tag{4}$$

$$(a \pm b)^3 = a^3 \pm 3a^2b + 3ab^2 \pm b^3 \tag{5}$$

$$(a \pm b)(a^2 \mp ab + b^2) = a^3 \pm b^3 \tag{6}$$

$$(a+b+c)^2 = a^2 + b^2 + c^2 + 2bc + 2ca + 2ab \tag{7}$$

上記の公式は，左辺から右辺への変化を見れば乗法の公式ですし，その逆方向に見れば因数分解の公式です．

例題1 暗算で 97×103 を求めてください．

答 電卓や Excel のせいで暗算能力がすっかり低下してしまった私たちにとっては，手強い問題です．しかし，97＝100－3，103＝100＋3 であることに気がつけば，公式(2)によって

$$97 \times 103 = (100-3)(100+3) = 100^2 - 3^2$$

ですから，暗算はわけもありません．10,000 から 9 を引けばいいだけです．同じように，48×52, 297×303 なども容易に暗算できます．合コンの時にでもひけらかしてみてはいかがでしょうか．ちなみに，公式(2)を**和と差の積の公式**などと呼んでいます．

例題2 長方形の周囲の長さを一定にすると，その面積が最大になるのは，長方形が正方形になったときです．これを証明してください．

答 　長方形の周囲の長さを $4l$ とし，図のように，縦が $l+d$ で，横が $l-d$ の長方形を考えましょう．この長方形の面積 S は

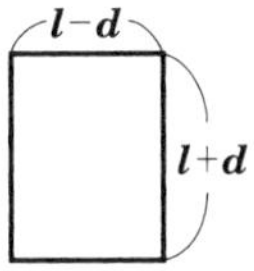

$$S=(l+d)(l-d)$$

なので，公式(2)によって

$$S=(l+d)(l-d)=l^2-d^2$$

です．この式を見てください．l^2 も d^2 も正の値ですから，l^2-d^2 が最大になるのは，d がゼロのときに決っています．そのときは長方形の縦の長さも横の長さも l であり，それは正方形そのものです．

例題3 　$x^2+7x-18$ を因数分解してください．

答 　この式が $(x+a)(x+b)$ という形に因数分解できるとすれば，公式(3)によって

$$(x+a)(x+b)=x^2+(a+b)+ab=x^2+7x-18$$

なのですから

$$a+b=7, \quad ab=-18$$

でなければなりません．a と b を掛けるとマイナスの値になるのですから，a と b の片方はプラスで，他方はマイナスに決っています．そして，a と b を加えれば7……．そういう a と b の組合せは，$(-1$ と $8)$, $(-2$ と $9)$, $(-3$ と $10)$, …とつづきますが，そのうち掛け合わせると -18 になるのは $(-2$ と $9)$ だけです．したがって

$$x^2+7x-18=(x-2)(x+9)$$

であることがわかりました．

なお，ここでは a と b にいろいろな値を入れてみて $(-2$ と $9)$ の組

合せを見つけましたが，2次式を確実に因数分解する数学的な方法
を，つぎのページの参考(1)にご紹介してあります．

公式(1)～(7)の根拠　　一例として，公式(3)を図解してみたのが
右の図です．それを見ると

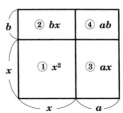

$$(x+a)(x+b)=①+②+③+④$$

$$=x^2+bx+ax+ab$$

$$=x^2+(a+b)x+ab$$

であることが明らかです．

そして，(1)，(2)，(4)，(7)の公式も，同様の考え方で説明がつく
ことに異存はないでしょう．

　公式(5)と(6)については平面の上に図解することはできませんが，
前例にならって

$$(a+b)^3=(a+b)(a+b)^2=(a+b)(a^2+2ab+b^2)$$

$$=(a+b)(a^2+2ab+b^2)=①+②+③+④+⑤+⑥$$

$$=a^3+2a^2b+ab^2+a^2b+2ab^2+b^3$$

$$=a^3+3a^2b+3ab^2+b^3$$

というように掛け合わせることによって，容易に納得できるでしょ
う．

関連する公式　　n が正の整数であるとき

$$(a+b)^n={}_nC_0a^n+{}_nC_1a^{n-1}b+{}_nC_2a^{n-2}b^2+\cdots$$

$$+_nC_ra^{n-r}b^r+\cdots+_nC_nb^n \tag{8}$$

と表わされ，これを**二項定理**といいます．そして，右辺の各項に並んだ $_nC_r$ を二項係数と呼ぶことは，20 ページで述べたとおりです．一例として，$(x+b)^6$ を展開してみましょうか．n が 6 の場合の二項係数は，21 ページのパスカルの三角形から

1, 6, 15, 20, 15, 6, 1

ですから，たちどころに

$$(x+b)^6=x^6+6bx^5+15b^2x^4+20b^3x^3+15b^4x^2+6b^5x+b^6$$

と書き下すことができて，嬉しくなってしまいます．

参 考 (1) ax^2+bx+c の形の 2 次式は

$$ax^2+bx+c=a(x-\alpha)(x-\beta)$$

の形に因数分解することができます．ここで

$$\alpha=\frac{-b+\sqrt{b^2-4ac}}{2a}$$

$$\beta=\frac{-b-\sqrt{b^2-4ac}}{2a}$$

です．その理由は，30 ページを参照してください．

ちなみに，前ページの例題 3 をこの方法で解くなら

$$\alpha=\frac{-7+\sqrt{7^2+4\times1\times18}}{2}=2$$

$$\beta=\frac{-7-\sqrt{7^2+4\times1\times18}}{2}=-9$$

ですから，$(x-2)(x+9)$ に因数分解できるのでした．

(2) 3 次式以上の因数分解をするには，公式(5)や(6)のほかにも，あの手この手を使わなければなりませんが，その中の有効な一手を，つぎのページでご紹介します．

1.7 剰余定理 x の整式 $f(x)$ を $(x-\alpha)$ で割ったときの余りは $f(\alpha)$ です.

なんのことかわかりにくいので, 具体例をあげます. たとえば

$$f(x)=x^3+x^2-4x+1$$

を $(x-2)$ で割ると, その余りが

$$f(2)=2^3+2^2-4\times2+1=5$$

になるというわけです. 検算してみましょう.

$$
\begin{array}{r}
x^2+\ 3x+\ 2 \\
x-2\ \overline{)\ x^3+\ x^2-4x+1} \\
\underline{x^3-2x^2} \\
3x^2-4x+1 \\
\underline{3x^2-6x} \\
2x+1 \\
\underline{2x-4} \\
5
\end{array}
$$

となって, ちゃんと合っています.

例題 1 $f(x)=x^3-x^2-4x+4$ を因数分解してください.

答 この式をざっと眺めると, x に 1 を代入するとゼロになることに気がつきます. つまり, $f(1)=0$ なのです. それなら, 剰余定理によって $f(x)$ は $(x-1)$ で割り切れるにちがいありません. つまり, $(x-1)$ は $f(x)$ の因数の 1 つなのです. さっそく, $f(x)$ を $(x-1)$ で割ってみると, その答えは (x^2-4) となり

$$f(x)=(x^2-4)(x-1)$$

であることを知ります. あとは, 22 ページの公式(2)によって

$$= (x+2)(x-2)(x-1)$$

となり，因数分解は完了しました．このように，剰余定理が因数分解の手掛りを与えてくれることが少なくありません．

例題2 $a^3-2a^2b-5ab^2+6b^3$ を因数分解してください．

答 このままでは剰余定理が使えることに気がつきにくいのですが，a を x に書き改めて

$$f(x)=x^3-2bx^2-5b^2x+6b^3$$

としてみると，x に b を代入すれば $f(x)=0$ なので，$(x-b)$ が因子の1つであることに気がつきます．さらに，x に $-2b$ を代入しても，x に $3b$ を代入しても，$f(x)=0$ になることに気がつけば

$$f(x)=(x-b)(x+2b)(x-3b)$$

つまり，$a^3-2a^2b-5ab^2+6b^3=(a-b)(a+2b)(a-3b)$

というぐあいに因数分解が完了します．

参考 x の整数 $f(x)$ において

(1) $f(\alpha)=0$ なら $f(x)$ は $(x-\alpha)$ で割り切れる，という性質は，とくに**因数定理**といわれます．

(2) $f\left(-\dfrac{b}{a}\right)=0$ なら $f(x)$ は $(ax+b)$ で割り切れます．

本体はぴったり
ち人前だったな！

余りものにも貴重な情報あり

1.8 部 分 分 数 $f(x)$ が 1 次式の積に因数分解できる

ような整式であり，また，$g(x)$ が $f(x)$ より次数の少ない整式

であるときには

$$\frac{g(x)}{f(x)} = \frac{b_1}{x-a_1} + \frac{b_2}{x-a_2} + \cdots + \frac{b_n}{x-a_n} \tag{1}$$

の形に分解することができます．この右辺を，左辺に示され

た分数式の部分分数といいます．

例 題	$\dfrac{6x^2+x-17}{x^3-7x-6}$ を部分分数に分解してください．
答	まず，分母を因数分解します

$$\frac{6x^2+x-17}{x^3-7x-6} = \frac{6x^2+x-17}{(x+1)(x+2)(x-3)}$$

この式は，公式(1)によって

$$\frac{6x^2+x-17}{(x+1)(x+2)(x-3)} = \frac{P}{x+1} + \frac{Q}{x+2} + \frac{R}{x-3}$$

の形にばらすことができるはずです．P, Q, R を求めるために式を

変形していきましょう．まず，右辺の 3 つの式を通分して合計しま

す．

$$= \frac{P(x+2)(x-3) + Q(x+1)(x-3) + R(x+1)(x+2)}{(x+1)(x+2)(x-3)}$$

つづいて分子のほうを整理し直すと

$$= \frac{x^2(P+Q+R) + x(-P-2Q+3R) + (-6P-3Q+2R)}{(x+1)(x+2)(x-3)}$$

となります．ここで，この分子をばらす前の分子と比較してみてく

ださい．

$$\begin{cases} P+Q+R=6 \\ -P-2Q+3R=1 \\ -6P-3Q+2R=-17 \end{cases}$$

でなければなりません. そこで, この 3 式を連立して解けば, だれがやっても

$$P=3, \qquad Q=1, \qquad R=2$$

が求まります. したがって

$$\frac{6x^2+x-17}{x^3-7x-6}=\frac{3}{x+1}+\frac{1}{x+2}+\frac{2}{x-3}$$

となりました.

参　考　（1）　分子の次数のほうが分母の次数より大きな分数式の場合にも, 部分分数への分解が利用できます. たとえば $\dfrac{x^3-2x-7}{x^2-x-2}$ の場合には, まず, 割り算を実行して

$$\frac{x^3-2x-7}{x^2-x-2}=x+1+\frac{x-5}{x^2-x-2}$$

としたうえで, 右辺に残った分数式を

$$\frac{x-5}{x^2-x-2}=\frac{2}{x+1}-\frac{1}{x-2}$$

と, 部分分数に分解すれば

$$\frac{x^3-2x-7}{x^2-x-2}=x+1+\frac{2}{x+1}-\frac{1}{x-2}$$

となり, ずいぶんやさしい姿に変わるではありませんか.

（2）　部分分数は, いろいろな所で利用されますが, とくに積分のときに脚光を浴びることを, 172 ページあたりで見ていただく予定です.

1.9 2 次 方 程 式

$ax^2+bx+c=0\,(a\neq0)$ の解(根)は

$$x=\frac{-b\pm\sqrt{b^2-4ac}}{2a} \tag{1}$$

で表わされます.

例題1 $2x^2-4x-6=0$ を解いてください.

答 公式(1)の a に 2, b に -4, c に -6 を代入すると

$$x=\frac{4\pm\sqrt{(-4)^2-4\times2\times(-6)}}{2\times2}=\frac{4\pm\sqrt{64}}{4}$$

$$=1\pm2 \qquad \therefore \quad x は 3 と -1$$

例題2 $x^2+x+1=0$ を解いてください.

答 公式(1)の a, b, c がぜんぶ1ですから

$$x=\frac{-1\pm\sqrt{1^2-4}}{2}=-\frac{1}{2}\pm\frac{\sqrt{-3}}{2}$$

となり,これでも一応は答えです.しかし,$\sqrt{-3}$ は「2乗すると -3 になる値」ですから,実数ではありません.そこで,「2乗すると -1 になる値」を i(虚数単位)で表わすと約束します.そうすると

$$\sqrt{-3}=\sqrt{3}\,i$$

と書くことができるので

$$x=\frac{-1\pm\sqrt{3}\,i}{2}=-\frac{1}{2}\pm\frac{\sqrt{3}}{2}i \tag{2}$$

となり,例題2の答えは,このように書くのがふつうです.

公式(1)の検証　　ごめんどうでも

$$a\left(x - \frac{-b + \sqrt{b^2 - 4ac}}{2a}\right)\left(x - \frac{-b - \sqrt{b^2 - 4ac}}{2a}\right)$$

を，しこしこと計算してみていただけませんか．$ax^2 + bx + c$ に戻ってしまうことが確認できるはずです．したがって，公式(1)が成立するときが，$ax^2 + bx + c = 0$ となるときなのです．

参　考　　(1)　式(2)の右辺のように

　　　　$g + hi$　　（g と h は実数）

のような形で表わされる数を**複素数**といいます．

　(2)　2次方程式 $ax^2 + bx + c = 0$ において，その根を求める公式(1)から $\sqrt{\ }$ の中だけを取り出した

　　　　$D = b^2 - 4ac$

を**判別式**といいます．

　　　　$D > 0$　　なら　異なる2つの実数解

　　　　$D = 0$　　なら　等しい2つの実数解（重解）

　　　　$D < 0$　　なら　異なる2つの虚数解

を持つからです．その有様を下図で見てください．

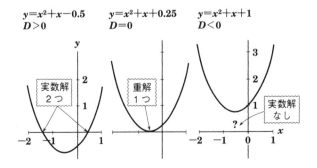

1.10 不　等　式　すべての実数について

$$a > b \qquad \text{なら} \quad a \pm c > b \pm c \tag{1}$$

$$a > b, \ c > 0 \qquad \text{なら} \quad ac > bc, \ \frac{a}{c} > \frac{b}{c} \tag{2}$$

$$a > b, \ c < 0 \qquad \text{なら} \quad ac < bc, \ \frac{a}{c} < \frac{b}{c} \tag{3}$$

$$a > b, \ ab > 0 \qquad \text{なら} \quad \frac{1}{a} < \frac{1}{b} \tag{4}$$

$$a > b, \ b > c \qquad \text{なら} \quad a > c \tag{5}$$

$$a + b > c \qquad \text{なら} \quad a > c - b \tag{6}$$

$$a > b, \ c > d \qquad \text{なら} \quad a + c > b + d \tag{7}$$

$$a > b > 0, \ c > d > 0 \quad \text{なら} \quad ac > bd, \ \frac{a}{d} > \frac{b}{c} \tag{8}$$

$$0 > a > b, \ 0 > c > d \quad \text{なら} \quad ac < bd, \ \frac{a}{d} < \frac{b}{c} \tag{9}$$

$$a > b > 0 \quad \text{なら,} \quad n \text{ が正の整数のとき}$$

$$a^n > b^n, \ \sqrt[n]{a} > \sqrt[n]{b} \tag{10}$$

　これらの定理は，2つの実数の大小は，$a - b > 0$ のとき $a > b$，$a - b < 0$ のとき $a < b$ と決めた約束から導かれたものです．どれも常識的にあたり前のことのように思えますが，とくに頭に留めておきたい点をピック・アップしてみましょう．

　式(1)は，ふつうの等式において，両辺に同じものを加えても引いても等号が変わらないように，不等式においても両辺に同じものを加えたり引いたりしてもいいことを表わしています．式(2)は，同様

に，両辺に正の値を掛けても割っても，不等号の向きが変わらない
ことを示しています．

　これに対して，式(3)は要注意です．不等式の両辺を負の値で掛け
たり割ったりすると，不等号の向きが逆転してしまうのです．そし
て，式(4)を見てください．両辺の逆数をとると不等号の向きが逆転
しているではありませんか．不等式では，この2つの場合に不等号
の向きが逆転することを，ラインマーカーを引いて覚えておく必要
があります．

　つぎに，式(6)を見ていただきましょう．これは，不等式の場合に
も，等式のときと同様に，移項ができることを教えています．

例題 1　$\dfrac{c}{a-d}-\dfrac{c}{b-d}>0$ であるとき，a と b のどちらが大きい
でしょうか．ただし，$\dfrac{c}{a-d}\times\dfrac{c}{b-d}>0$ とします．

答　まず移項します　$\dfrac{c}{a-d}>\dfrac{c}{b-d}$

逆数をとります　$\dfrac{a-d}{c}<\dfrac{b-d}{c}$　　$\therefore$　$\dfrac{a}{c}-\dfrac{d}{c}<\dfrac{b}{c}-\dfrac{d}{c}$

$\dfrac{d}{c}$ を加えます　$\dfrac{a}{c}<\dfrac{b}{c}$

c を掛けます　$\left.\begin{array}{l} c>0 \quad \text{なら} \quad a<b \\ c<0 \quad \text{なら} \quad a>b \end{array}\right\}$…答

例題 2　$a>0$ なら $a+\dfrac{1}{a}\geqq2$ であることを証明してください．

答　両辺に a を掛けます．$a>0$ だから不等号は逆転しませ
ん．

$$a^2+1\geqq2a$$

　移項して　　$a^2-2a+1\geqq0$　を証明すればいい．

左辺は $(a-1)^2$ ですから $\begin{cases} a \neq 1 \text{ のとき} \quad 正 \\ a = 0 \text{ のとき} \quad 0 \end{cases}$

したがって $a^2 - 2a + 1 \geqq 0$ …証明終り

関連する公式 ── その1 $a > 0, \ b > 0$ なら

$$\frac{a+b}{2} \geqq \sqrt{ab} \tag{11}$$

これは，相加平均（算術平均）は相乗平均（幾何平均）より大きいという事実として，よく知られています．

この公式を証明するのは，むずかしくありません．式(11)の両辺に2を掛け，移項して整理すると

$$a + b - 2\sqrt{ab} \geqq 0 \tag{12}$$

となりますから，これを証明すればいいはずです．では

$$a = (\sqrt{a})^2, \ b = (\sqrt{b})^2, \ \sqrt{ab} = \sqrt{a}\sqrt{b}$$

を利用して式(12)を変形していきます．

$$a + b - 2\sqrt{ab} = (\sqrt{a})^2 - 2\sqrt{a}\sqrt{b} + (\sqrt{b})^2 = (\sqrt{a} - \sqrt{b})^2$$

（ ）の中が正であっても負であっても（ ）^{2} は正ですから

$$(\sqrt{a} - \sqrt{b})^2 \geqq 0$$

です．もちろん，＝になるのは（ ）の中がゼロのとき，つまり $a = b$ のときです．こうして，公式(11)は証明されました．

なお，相加平均が相乗平均より大きいことを示す公式として

$$\frac{a_1 + a_2 + \cdots + a_n}{n} \geqq \sqrt[n]{a_1 a_2 \cdots a_n} \tag{13}$$

をご紹介しておきましょう．これを証明する手順は，公式(11)の場合と同じです．

関連する公式 —— その2

$$(a_1^2 + a_2^2 + \cdots + a_n^2)(b_1^2 + b_2^2 + \cdots + b_n^2)$$

$$\geqq (a_1 b_1 + a_2 b_2 + \cdots + a_n b_n)^2 \tag{14}$$

これは**シュワルツの不等式**または**コーシー・シュワルツの不等式**と呼ばれます．いちばん簡単な例として

$$(a^2 + b^2)(x^2 + y^2) \geqq (ax + by)^2 \tag{15}$$

を証明してみましょうか．右辺を左辺に移項して式を変形すると

$$(a^2 + b^2)(x^2 + y^2) - (ax + by)^2$$

$$= a^2 x^2 + a^2 y^2 + b^2 x^2 + b^2 y^2 - a^2 x^2 - 2abxy - b^2 y^2$$

$$= a^2 y^2 + b^2 x^2 - 2abxy = (ay - bx)^2 \geqq 0$$

というわけです．なお，シュワルツの不等式には，240 ページの相関係数の項で再会する予定です．

関連する公式 —— その3

$a_1 \geqq a_2 \geqq \cdots \geqq a_n,\ x_1 \geqq x_2 \geqq \cdots \geqq x_n$ のとき

$$\frac{a_1 x_1 + a_2 x_2 + \cdots + a_n x_n}{n} \geqq \frac{a_1 + a_2 + \cdots + a_n}{n} \cdot \frac{x_1 + x_2 + \cdots + x_n}{n} \tag{16}$$

これは，**チェビシェフの不等式**と呼ばれます．その簡単な例として

$$\frac{ax + by}{2} \geqq \frac{a + b}{2} \cdot \frac{x + y}{2} \qquad (a \geqq b,\ x \geqq y) \tag{17}$$

を証明しておこうと思います．移項して整理すれば

$$\frac{ax + by}{2} - \frac{a + b}{2} \cdot \frac{x + y}{2} = \frac{1}{4}(ax + by - ay - bx)$$

$$= \frac{1}{4}(a - b)(x - y) \geqq 0$$

なので，公式(17)が証明されたことになります．

1.11 等差数列とその和 一定の差で並んだ数列

$$a,\ a+d,\ a+2d,\ \cdots,\ a+(n-1)d,\ \cdots$$

を**等差数列**といい, a を**初項**, d を**公差**といいます. そのとき, n 番めに位置する**一般項** a_n の値は

$$a_n = a + (n-1)d \qquad (1)$$

であり, 初項から a_n までの和 S_n は

$$S_n = \frac{n}{2}\{2a + (n-1)d\} \qquad (2)$$

となります.

例題1　1 周 0.4 km のトラックを使って長距離走の練習を始めようと思います. 1 日めはトラック 2 周, あとは毎日 1 周ずつふやしていくと, なん日めに 1 日の走行距離が 10 km になるでしょうか. そして, その日までに走った距離の総計はいくらでしょうか.

答　走行距離の数列は, 初項が 0.8 km, 公差が 0.4 km の等差数列になります. すなわち, 数列は(km を省略して)

$$0.8,\ 1.2,\ 1.6,\ \cdots,\ 0.8 + 0.4(n-1),\ \cdots$$

です. したがって, n 項めの値が 10 になるのは

$$0.8 + 0.4(n-1) = 10$$

$$\therefore\quad n = 24$$

なので, 24 日めに走行距離が 10 km になることを知ります. つぎに, 24 日めまでの走行距離の合計は

$$S_n = \frac{24}{2}\{2 \times 0.8 + (24-1) \times 0.4\} = 129.6\ \text{km}$$

というわけです.

公式(1)と(2)の証明

公式(1)のほうは, なんでもありません. 2項めは初項に d が加わり, 3項めは初項に $2d$ が加わり……とつづくのですから, n 項めは, 初項に $(n-1)d$ だけ加わるのは理の当然でしょう.

公式(2)のほうは, いろいろな証明の仕方がありますが, そのうちの1つは, つぎのとおりです.

$$S_n = a + (a+d) + \cdots + \{a+(n-2)d\} + \{a+(n-1)d\}$$

この式の右辺を逆順に並び変えます.

$$S_n = \{a+(n-1)d\} + \{a+(n-2)d\} + \cdots + (a+d) + a$$

そして, この両式を加え合せてください. 右辺は, 初項どうし, 2項めどうし, 3項めどうし…と, ペアを組みながらです. そうすると, 右辺には $\{2a+(n-1)d\}$ が n 個並ぶことになります. したがって

$$2S_n = n\{2a+(n-1)d\}$$

です. あとは両辺を2で割れば公式(2)が現われます.

参　考　　(1)　つぎの等差級数の和は, よく使われます.

$$1+2+3+\cdots+n = \frac{n}{2}(n+1)$$

$$1+3+5+\cdots+(2n-1) = n^2$$

(2)　公式(2)は右のように図示すると, なるほどと合点がいきます.

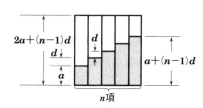

1.12 等比数列とその和　一定の比で並んだ数列

$$a, \ ar, \ ar^2, \ \cdots, \ ar^{n-1}, \ \cdots$$

を**等比数列**といい，a を**初項**，r を**公比**といいます．そのとき n 番めに位置する**一般項** a_n の値は

$$a_n = ar^{n-1} \tag{1}$$

であり，初項から a_n までの和 S_n は

$$S_n = \frac{a(1-r^n)}{1-r} \tag{2}$$

となります．

例題　秀吉から「望みのほうびを取らせるぞ」と言われたとき，曽呂利新左衛門は「きょうは米を 1 粒，あすは 2 粒，つぎの日は 4 粒というように，毎日倍々と 1 年間いただきたく…」と答えたという話があります．もし，そのとおりに実行されていたら，新左衛門がもらった米は，どのような勢いでふえていったでしょうか.

答　新左衛門がもらう米の粒数は

$$1, \ 2, \ 4, \ 8, \ \cdots$$

という等比数列になります．つまり，初項が 1 で公比が 2 の等比数列です．したがって，n 日めにもらう米粒は

$$a_n = 2^{n-1} \tag{3}$$

であり，n 日までにもらった米粒の総計は

$$S_n = 2^n - 1 \tag{4}$$

です．255 ページの対数の助けを借りながら，n をだんだん大きくして，これらの値を計算してみていただけませんか．40,000 粒の米

が約 1ℓ の容積を占めますから，もらった米の総計は，15 日めで約 1ℓ，25 日めで約 1m³，45 日めで東京ドームいっぱい，70 日めで地球の体積と同じ，80 日めで太陽の体積と同じ……．驚きの結果です．

公式(2)の証明　　手品を見てください．

$$S_n = a + ar + ar^2 + \cdots + ar^{n-1}$$

の両辺に r を掛けた式を作ります．

$$rS_n = ar + ar^2 + \cdots + ar^{n-1} + ar^n$$

上の式から下の式をざっくりと引きます．

$$S_n - rS_n = a - ar^n \qquad \therefore \quad S_n = \frac{a(1-r^n)}{1-r}$$

というわけです．パチパチパチ……．

参考　　(1)　式(3)と式(4)は

$$1, \ 2, \ 4, \ 8, \ \cdots$$

の等比数列に対応する式として，よく利用されます．

(2)　等比数列は複利計算と深いつながりがあります．たとえば，元金が A で 1 期間ごとに利率 α で利息がつくなら，1 期間を経過するごとの元利合計は

$$A(1+\alpha), \ A(1+\alpha)^2, \ A(1+\alpha)^3, \ \cdots$$

という等比数列になります．また，複利の定額積立預金では，毎回の積立額が a のとき，x 期間後の元利合計が公式(2)によって

$$a(1+\alpha) + a(1+\alpha)^2 + \cdots + a(1+\alpha)^x = a\frac{1+\alpha}{\alpha}\{(1+\alpha)^x - 1\}$$

というぐあいです．

1.13 いろいろな数列の和と級数

$$1+2+3+\cdots+n=\frac{n}{2}(n+1) \tag{1}$$

$$1^2+2^2+3^2+\cdots+n^2=\frac{n}{6}(n+1)(2n+1) \tag{2}$$

$$1^3+2^3+3^3+\cdots+n^3=\frac{n^2}{4}(n+1)^2 \tag{3}$$

$$1\cdot2+2\cdot3+3\cdot4+\cdots+n(n+1)=\frac{1}{3}n(n+1)(n+2) \tag{4}$$

$$\frac{1}{1\cdot2}+\frac{1}{2\cdot3}+\frac{1}{3\cdot4}+\cdots+\frac{1}{n(n+1)}=\frac{n}{n+1} \tag{5}$$

例題 $\dfrac{1}{1}+\dfrac{1}{1+2}+\dfrac{1}{1+2+3}+\cdots+\dfrac{1}{1+2+\cdots+n}$ を求めてください.

答 この数列の一般項は $\dfrac{1}{1+2+\cdots+n}$ であり,それは公式

(1)によって $\dfrac{2}{n(n+1)}$ であることに着目すると,問題の数列の和が

$$\frac{2}{1\cdot2}+\frac{2}{2\cdot3}+\frac{2}{3\cdot4}+\cdots+\frac{2}{n(n+1)}$$

であることに気がつきます. そうすると公式(5)によって

$$=\frac{2n}{n+1}$$

と求まります.

公式(1)～(5)の証明 いろいろな証明の仕方がありますが, ここでは**数学的帰納法**を使いましょう. まず, n が1のときに公式が

正しいことを確かめます．つぎに，n が一般的な値 k のときに公式が成立するという仮定のもとに，$k+1$ のときにも成立することを確認します．確認できれば証明は終わりです．n が 1 のとき成り立つなら 2 のときにも成り立ち，2 のときに成り立つなら 3 のときにも成り立ち……と，すべての n について成立することが確実だからです．

　公式(2)を代表に選んで数学的帰納法を適用していきます．まず，$n=1$ なら

$$1^2=\frac{1}{6}\times(1+1)(2\times1+1)=1$$

ですから，公式(2)は間違いなく成立しています．つぎに

$$1^2+2^2+\cdots+k^2=\frac{1}{6}k(k+1)(2k+1)$$

であると仮定して，$n=k+1$ のときにどうなるかを調べます．

$$1^2+2^2+\cdots+k^2+(k+1)^2$$

$$=\frac{1}{6}k(k+1)(2k+1)+(k+1)^2$$

$$=\frac{1}{6}(k+1)\{k(2k+1)+6(k+1)\}$$

$$=\frac{1}{6}(k+1)(2k^2+7k+6)$$

$$=\frac{1}{6}(k+1)(k+2)(2k+3)$$

$$=\frac{1}{6}(k+1)\{(k+1)+1\}\{(2(k+1)+1\}$$

ここで，$k+1$ の代りに n と書いてみてください．

$$1^2+2^2+\cdots+n^2=\frac{1}{6}n(n+1)(2n+1)$$

となって，公式(2)が見事に成立していることがわかります．これで証明は終わりです．他の数列の和についても数学的帰納法を試みていただければと思います．

なお，公式(5)のように分数が並んでいるときには，部分分数に分解して

$$\frac{1}{k(k+1)} = \frac{1}{k} - \frac{1}{k+1}$$

という関係を使うと，数学的帰納法によらなくても，きれいに証明できることを申し添えておきましょう．

参　考　(1)　数列の和に似た用語に**級数**があります．級数というのは，たとえば

$$1^2 + 2^2 + \cdots + n^2 + \cdots \tag{6}$$

$$\frac{1}{1 \cdot 2} + \frac{1}{2 \cdot 3} + \cdots + \frac{1}{n(n+1)} + \cdots \tag{7}$$

などのように，無限につづく数列の和のことです．ときには級数という言葉を数列の和と同じ意味に使い，項の数が有限のときには有限級数，無限のときには無限級数ということもありますが，それでも，単に級数といえば無限級数を指すのがふつうです．

ところで，式(6)の n 項までの和は公式(2)によって

$$\frac{n}{6}(n+1)(2n+1)$$

でした．式(6)の値は，この n が無限に大きくなった値ですから

$$\lim_{n \to \infty} \frac{n}{6}(n+1)(2n+1) = \infty$$

となり，n が大きくなるにつれてとどまるところを知らずに増大します．こういうとき，級数(6)は**発散**するといいます．

いっぽう，級数(7)のほうは，公式(5)を参照すれば

$$\lim_{n\to\infty}\frac{n}{n+1}=\lim_{n\to\infty}\frac{1}{1+\dfrac{1}{n}}=1$$

ですから，n が大きくなるにつれて級数の値は限りなく1に近づきます．こういうとき，級数(7)は1に**収束**するといいます．

　一般に，級数の問題では発散するか収束するかが中心的なテーマであり，収束するための必要・十分条件が論じられています．

　(2)　ぜんぶを加え合わせる操作を Σ（シグマ）という記号で表わすことがあります．たとえば

$$1^2+2^2+3^2+\cdots+n^2 \quad を \quad \sum_{k=1}^{n}k^2$$

$$1^2+2^2+3^2+\cdots+n^2+\cdots \quad を \quad \sum_{n=1}^{\infty}n^2$$

というように書くのです．なお，Σ の上と下についている文字は，わかりきっているときには省略することが少なくありません．

　(3)　等差数列と等比数列についで名前がよく知られている数列に，**調和数列**があります．それは，等差数列の逆数を並べたもので

$$\frac{1}{a},\quad \frac{1}{a+d},\quad \frac{1}{a+2d},\quad \cdots,\quad \frac{1}{a+nd},\quad \cdots$$

と表されます．楽器の弦の長さをこの割合で並べると，そこから出る音がよく調和するので，調和数列と名づけられたのだそうです．

　(4)　初項を1，第2項も1として，2つの項の合計をつぎの項に書き並べていくと

$$1,\ 1,\ 2,\ 3,\ 5,\ 8,\ 13,\ \cdots$$

という数列ができます．これは**フィボナッチ数列**と呼ばれ，意外にも，こんな数列が自然科学や社会科学の数学モデルとして役に立っています．

　対数は，人間の感覚と切っても切れない関係にあります．部屋の照明を2倍，3倍，4倍と増していっても，人間の感覚ではその割に明るくなったと感じません．人間は，刺激の強さに比例して感応するのではなく，刺激の対数に比例して感応することが多いからです．

　1番めの子供の誕生に覚えた感動に比して，2番め，3番めとなるにつれて感動が低下して，どうかすると誕生日も覚えていないなど，人生の喜びも悲しみも，対数の法則に支配されている気配が濃厚です．関心のある方は『関数のはなし（下）【改訂版】』54ページあたりを見ていただければ幸いです．

2. 図形と式の狙い

—— 三角形からすべてが始まる ——

　数学は，その起源から見ても，応用面から見ても，ずいぶん性格の異なるテーマが雑居しています．その中でも，非常に古い時代から数学の一角に重要な位置を占めているのが，図形に関する分野です．図形を取り扱う幾何学は，筋道の立った理屈が目で確かめやすいばかりではなく，実用面でも有用だからでしょう．そういう幾何学の特質をこの章から読みとっていただければ幸いです．

　なお，形よりは点や線のつながり方に焦点をあてたトポロジー(位相幾何学)について，ほとんどご紹介できないのが残念でなりません．

> **2.1 三平方の定理** 直角三角形において,
> 斜辺の長さを a, 他の2辺の長さを b, c とする
> と
>
> $$a^2 = b^2 + c^2 \qquad (1)$$
>
> の関係があります.これが,天下に名高い三平方の定理です.

例題1 $a:c=2:1$ であるような直角三角形では,b はいくらになりますか.また,$b=c$ であれば a はいくらですか.

答 まず,前者については,$a=2$,$c=1$ とおけば,三平方の定理によって

$$b^2 = \sqrt{a^2 - c^2} = \sqrt{2^2 - 1^2} = \sqrt{3}$$

なので,

$$a:b:c = 2:\sqrt{3}:1$$

です.この関係を保つ直角三角形が $30°$ と $60°$ の角をもった三角定規の1つであることは周知の事実です.この $30°(\pi/6)$,$60°(\pi/3)$ というキリのよい角度をもつために,多方面で利用されることの多い三角形です.

また,後者については,$b=c=1$ とおけば

$$a^2 = \sqrt{b^2 + c^2} = \sqrt{1^2 + 1^2} = \sqrt{2}$$

ですから

$$a:b:c = \sqrt{2}:1:1$$

となり,これが,二等辺三角形の三角定規の形です.これも,

$45°(\pi/4)$ というキリのよい角度が愛されて，高い利用価値を誇っています.

例題2 忍者は，堀の深さを見破るために，水底から伸びて水面に頭を出している葦を利用したといわれます．いま，水面から 0.1 m だけ頭を出している葦の先端をつまんで，横に 1 m だけ動かしたら，先端が水面ぎりぎりになったとしましょう．水の深さは，いくらでしょうか.

答 図のように，深さ x の水底から伸びた葦が水面上に l だけ頭を出していて，その先端を d だけ横に動かすと水面すれすれになると考えます．そうすると，三平方の定理によって

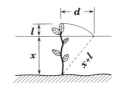

$$x^2+d^2=(x+l)^2$$

ですから，これから x を求めると

$$x=\frac{d^2-l^2}{2l}$$

となり，この式に l と d の値を代入して計算すれば，水の深さは

$$x=\frac{1^2-0.1^2}{2\times0.1}=4.95 \text{ m}$$

と判明します．数学の答えとしてはこれで百点ですが，いくら頭のいい忍者でも，危急の際に d^2-l^2 などという暗算をやらされてはたまりません．そこで，水面から出ている長さが短い，つまり l が小さい葦を引っぱってみることにします．そうすると，l^2 は相対的にきわめて小さい値になりますから，これを省略して

$$x\fallingdotseq\frac{d^2}{2l}=\frac{1^2}{2\times0.1}=5 \text{ m}$$

48

とみなすことができます．これなら，忍者にとって実用的な調査法といえるでしょう．

例題3 下の図で，S は直角三角形の面積，U は a を直径とする半円から c を直径とする半円と重複する部分を差引いた残りの面積，V は b を直径とする半円から c を直径とする半円を差引いた部分の面積です．これらの間に

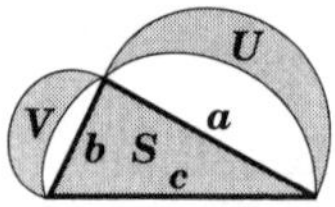

$$U+V=S$$

の関係があることを証明してください．

答 $U+V=$「a を直径とする半円」+「b を直径とする半円」

$\qquad\qquad+S-$「c を直径とする半円」

$$=\frac{1}{2}\left(\frac{a}{2}\right)^2\pi+\frac{1}{2}\left(\frac{b}{2}\right)^2\pi+S-\frac{1}{2}\left(\frac{c}{2}\right)^2\pi$$

$$=\frac{\pi}{8}(a^2+b^2-c^2)+S$$

ここで，$a^2+b^2=c^2$ だから $a^2+b^2-c^2=0$ なので，

$$U+V=S$$

三平方の定理の証明 この定理が成立することは，古くからたくさんの方法で証明されていますが，そのうちの1つをご紹介しましょう．右図に描かれた外形は，辺の長さが $b+c$ の正方形ですから

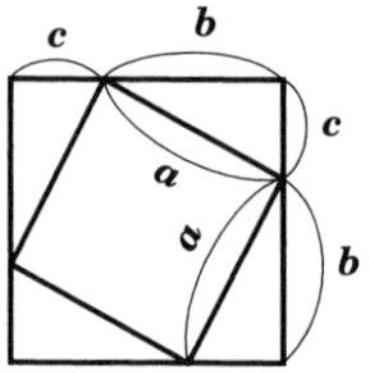

$$正方形の面積 =(b+c)^2$$

です．ところがこの正方形は，底辺が b で高さが c の直角三角形が4つと，辺の長さが a の正方形で構成されていますから

$$正方形の面積 =4\times\frac{bc}{2}+a^2$$

でもあります. したがって

$$(b+c)^2 = 4 \times \frac{bc}{2} + a^2$$

にちがいありません. この式を変形すると

$$b^2 + 2bc + c^2 = 2bc + a^2$$

$$\therefore \quad a^2 = b^2 + c^2 \qquad\qquad (1)と同じ$$

となって, たちまち三平方の定理が証明されてしまいます.

参　考　(1)　三平方の定理は, 発見者のピタゴラス(B. C. 570 ごろ〜B. C. 500 ごろ)にちなんで**ピタゴラスの定理**とも呼ばれます.

(2)　三平方の定理が成立するような整数の組合せには

(3, 4, 5)	(5, 12, 13)
(6, 8, 10)	(7, 24, 25)
(8, 15, 17)	(12, 16, 20)

などがあり, これらをピタゴラスの数と呼ぶことがあります. このうち (3, 4, 5) くらいは覚えておいて損はありません. 12 m のひもを輪にして, 3 m と 4 m と 5 m のところで折り曲げ, 三角形にピンと張れば, 正確な直角が現れたりして, とっさの場合に役に立ちますから…….

クイズ　三平方の定理について風変りなのは, バスカラ(1114〜1185. インドの王様で数学者)の証明です. 図のように 2 つの図形を並べて, ただ 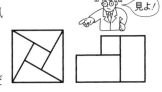「見よ!」と書いてあります. この図が, なぜ三平方の定理の証明なのでしょうか. 答えは 51 ページ…….

2.2　直線と平行線

- 直線どうしが交わるとき，**対頂角**は等しい．　　　(1)
- 直線 *l* 外の 1 点を通り，*l* に平行な直線はただ 1 本しかない（平行線の公理）．　　　(2)
- 平行な 2 直線に第 3 の直線が交わるとき，**同位角**が等しい．その逆も成り立ちます．　　　(3)
- 平行な 2 直線に第 3 の直線が交わるとき，**錯角**が等しい．その逆も成り立ちます．　　　(4)

対頂角　　　同位角　　　錯角

例題1　　図のように，3 本の直線が 1 点で交わり，6 つの角を作っています．この 6 つの角を 1 つおきに加え合わせた

$$\alpha+\beta+\gamma$$

の大きさを求めてください．

答　　α の対頂角を α'，β の対頂角を β'，γ の対頂角を γ' とします．そうすると，

$$\alpha+\alpha'+\beta+\beta'+\gamma+\gamma'=360°$$

ですが，いっぽう，$\alpha=\alpha'$，$\beta=\beta'$，$\gamma=\gamma'$ ですから

$$2\alpha+2\beta+2\gamma=360°$$

$$\therefore \quad \alpha + \beta + \gamma = 180°$$

例題 2 � 図の上半分において，直線 l と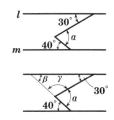
m とが平行であるとして，角 α の大きさを
求めてください．ただし，三角形の内角の
和は $180°$ であるという性質（52 ページ）を承
知しているものとします．

答 図の下半分のように，直線 m と
$40°$ の角度を作る直線を延長して三角形を作ります．そうすると，β
は錯角が等しいという性質によって $40°$ です．三角形の内角の和は
$180°$ ですから

$$\beta(40°) + \gamma + 30° = 180°$$

$$\therefore \quad \gamma = 180° - 40° - 30° = 110°$$

$$\alpha = 180° - \gamma = 180° - 110° = 70°$$

49 ページのクイズの答え　　左右の図とも，a, b, c を 3 辺とす
る直角三角形が 4 個と，1 辺が $b-c$ である正方形が 1 個で構成さ
れているから，面積は同じです．ところが，見方を変えると左図は
1 辺が a の正方形であり，右図は 1 辺が b の正方形と 1 辺が c の正
方形がくっついています．その面積が等しいのですから

$$a^2 = b^2 + c^2$$

というわけです．

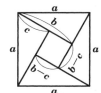
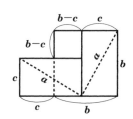

2.3 三　角　形

- 三角形は，つぎのいずれかによって決まります(**三角形の決定条件**などといわれます). (1)

　　(a) 2つの辺の長さと，その間の角の大きさ

　　(b) 2つの角の大きさと，その間の辺の長さ

　　(c) 3つの辺の長さ

　したがって，(a)，(b)，(c)のいずれかが等しい2つの三角形は**合同**です.

- 2つの辺の長さが等しい三角形を**二等辺三角形**といいます. 二等辺三角形では，等しい辺に対面する角の大きさも等しく，その逆も成立します. (2)

- 3辺の長さが等しい三角形を**正三角形**といいます. 正三角形では，3つの角がそれぞれ60°で等しく，その逆も成立します. (3)

- 1つの角が直角である三角形を**直角三角形**といいます. (4)

- 大きな角の対辺は小さな角の対辺より長く，また，この逆も成立します. (5)

- 1辺の長さは，他の2辺の和より短く，差よりは長い. (6)

- 内角の和は2直角 (180°) です. (7)

- 外角は，それに隣り合わない2つの内角の和と同じです. (8)

例題 1　三角形の決定条件のうち，（a）を「2つの辺の長さと，1つの角の大きさ」としたのでは，三角形が決まらないことがあります．それを実証してください．

答　辺 AB と AC の長さ，および角 B の大きさが与えられて，三角形を作図する様子を図に描いてみました．まず，辺 AB を描き，つづいて，A を中心に AC

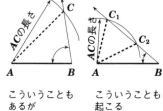

こういうこともあるが　　こういうことも起こる

の半径で弧を描きます．そして，B 点から与えられた角度をとって辺 BC の方向へ直線を伸ばすと，その直線と弧の交点が三角形の最後の頂点 C となり，三角形ができ上がるはず……．図の左半分では，見事に三角形 ABC が決定されていますから文句はありませんが，右半分では，与えられた条件を満たす三角形が2つもできてしまいました．だから「2つの辺の長さと，1つの角の大きさ」では，三角形が決まるとは限らないのです．

例題 2　凸 n 角形の内角の和はなん度ですか．また，外角の和はなん度でしょうか．

答　凸 n 角形の中に任意の点 P を決め，P と各頂点とを直線で結ぶと，n 個の三角形ができます．1つの三角形の内角の和は $180°$ ですから，n 個の三角形の内角の総和は $180° \times n$ です．そのう

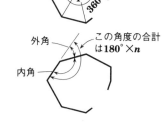

ち，P 点を囲む n 個の頂角の和で $360°$ だけ使い，残りの角度が n 個の頂点に割り振られていますから，その内角の総和は

$$180° \times n - 360° = 180° \times (n-2) \tag{9}$$

です. 図の上半分のようにです.

つぎに, 図の下半分をごらんください. 図の左上のように, 1つの外角を含んで 180° の角度をとると, この 180° は 1 つの外角と 1 つの内角とで構成されています. そして, n 個の頂点のすべてについてこのような 180° をとれば, それには, すべての外角とすべての内角が含まれているはずです. したがって, 外角の和は, 180° の n 倍から内角の和を差し引いて

$$180° \times n - 180° \times (n-2) = 180° \times 2 = 360° \tag{10}$$

です.「なん角形であっても外角の和は 4 直角」というおもしろい答えを得ました.

三角形の性質の証明　(1)　三角形の決定条件については, 定規とコンパスで作図をしてみると直ちに納得がいきますから, 証明は省略しましょう.

(2)~(4)は特別な形をした三角形の呼称の約束ごとですから証明の必要はないし, (5)は当然すぎて証明する気にもなりません.

(6)「1 辺の長さは, 他の 2 辺の和より短く, 差よりは長い」という性質も, 作図をしてみれば納得できます. しかし, これほど明らかな事実を, 数学ではどのように証明するのかと興味も湧きます. やってみましょう.

まず, 三角形 ABC の 1 辺 BC が他の 2 辺の和 AB + AC より短いことを証明しましょう. 図のように辺 AB を延長して, AD = AC になるような点 D を決めます. そうすると △ACD は二等

辺三角形ですから，$\angle ADC=\angle ACD$ です．また，$\angle ACD<\angle BCD$ ですから

$\angle ADC<\angle BCD$

です．三角形では，大きな角の対辺は小さな角の対辺より長いので，$\triangle BCD$ についていえば，$BC<BD$ であるはずです．ところが

$BD=BA+AD=BA+AC$

ですから，したがって

$BC<BA+AC$

という次第で，1辺は他の2辺の和より短いことが証明されました．

つぎに進みます．1辺は他の2辺の和より短いのですから

$AB<BC+AC$, $AC<BC+AB$

もし，$AB\geqq AC$ なら，1番めの式によって

$AB-AC<BC$

また，$AB<AC$ なら，2番めの式によって

$AC-AB<BC$

こうして，1辺は他の2辺の差より長いことが証明されました．いかがでしょうか．辛気くさいと思わなかった方は，ハッピーな方です．

(7)と(8)　内角の和は2直角（180°）であるという性質と，外角は，それに隣り合わない2つの内角の和に等しいという点については，右図を見ていただけばじゅうぶんでしょう．

$A+B+C=180°$

Aの外角$=B+C$

関連する定理 ―― その1   三角形 ABC

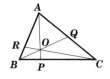

の頂点と任意の点 O とを結ぶ直線が，対辺またはその延長線と交わる点を P，Q，R とすると

$$\frac{BP}{PC} \cdot \frac{CQ}{QA} \cdot \frac{AR}{RB} = 1 \tag{11}$$

となります．これを**チェバの定理**といいます．この定理は，逆も成立します．すなわち，式(11)が成り立つなら，AP，BQ，CR は一点で交わります．

この定理を用いて，三角形の3本の中線（頂点とその対辺の中点を結ぶ直線）が，一点で交わることを証明してみましょうか．3本の中線が対辺と交わる点を P，Q，R とすれば，図のように，$BP=PC$，$CQ=QA$，$AR=RB$ ですから，

$$\frac{BP}{PC} \cdot \frac{CQ}{QA} \cdot \frac{AR}{RB} = 1 \times 1 \times 1 = 1$$

故に，チェバの定理の逆によって，3つの中線は一点で交わります．

関連する公式 ―― その2   三角形 ABC の辺 BC，CA，AB またはこれらの延長線が，1本の直線とそれぞれ P，Q，R で交わるなら

$$\frac{BP}{PC} \cdot \frac{CQ}{QA} \cdot \frac{AR}{RB} = 1 \tag{12}$$

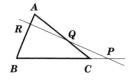

となります．これを**メネラウスの定理**といいます．この定理は逆も成立します．すなわち，式(12)が成り立つなら，P，Q，R は一

直線上に並びます.

　この定理は，たとえば，つぎのように使います.

$$AR:RB=1:3,\ CQ:QA=2:3$$

のとき，$BP:PC$ は

$$\frac{BP}{PC}=\frac{QA}{CQ}\cdot\frac{RB}{AR}=\frac{3}{2}\cdot\frac{3}{1}=\frac{9}{2}$$

として求められます.

　参考　（1）　2つの三角形が**合同**であるということは，いっぽうの三角形を移動すれば他方の三角形にぴったり重ね合わせることができるという意味です．ところが，「移動」に裏返しを含むか否かによって，かなりニュアンスが異なってきます．そこで，裏返して重ね合わせる合同を**裏返し合同**と名づけて，裏返しを伴わない合同と区別することがあります．ただし，とくに断わらずに合同といえば，裏返し合同を含めているのがふつうです.

　（2）　2つの三角形が**相似**であるための条件を，三角形の決定条件と形を揃えて書くと，つぎのようになります.

　（a）　3組の辺どうしの比が等しいこと

　（b）　2組の辺どうしの比と，その間の角が等しいこと

　（c）　2組の角どうしが等しいこと

　（3）　合同なら相似ですが，相似でも合同とは限りません．つまり，合同は相似に含まれる概念です.

　（4）　53ページの例題2がそうであったように，多角形の性質を調べるときの常套手段は，三角形に分割してみることです．この意味では，三角形は図形の性質を調べるときの基本といっていいでしょう.

58

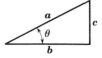

2.4 三 角 比 直角三角形において，1つの角 θ と3つの辺の長さ，a, b, c との関係を，つぎのように定めます.

$$\frac{c}{a}=\sin\theta,\quad \frac{b}{a}=\cos\theta,\quad \frac{c}{b}=\tan\theta$$

角度 θ の単位としては，ラジアンと度がよく使われます.

例 題 A 点でタワーの頂点が 45° の上方に見え，さらに 100 m 遠ざかった B 点ではタワーの頂点が 30° の上方に見えました. タワーの高さを求めてください.

答 右図のように，タワーを x とすれば，A 点からタワーまでの距離も x です. したがって

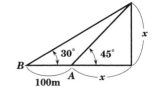

$$\frac{x}{100+x}=\tan 30°$$

の関係があります. $\tan 30°$ は約 0.5774（261 ページ参照）ですから，この値を代入して x を計算すると

$$\frac{x}{100+x}=0.5774$$

$$\therefore\quad x\fallingdotseq 137\text{ m}$$

が求まります.

関連する公式

$$\begin{cases} \sin(-\theta) = -\sin\theta & (1) \\ \cos(-\theta) = \cos\theta & (2) \\ \tan(-\theta) = -\tan\theta & (3) \end{cases}$$

$$\begin{cases} \sin\left(\dfrac{\pi}{2}\pm\theta\right) = \cos\theta & (4) \\ \cos\left(\dfrac{\pi}{2}\pm\theta\right) = \mp\sin\theta & (5) \\ \tan\left(\dfrac{\pi}{2}\pm\theta\right) = \mp\dfrac{1}{\tan\theta} & (6) \end{cases}$$

$$\begin{cases} \sin(\pi\pm\theta) = \mp\sin\theta & (7) \\ \cos(\pi\pm\theta) = -\cos\theta & (8) \\ \tan(\pi\pm\theta) = \pm\tan\theta & (9) \end{cases}$$

$$\tan\theta = \frac{\sin\theta}{\cos\theta} \tag{10}$$

$$\sin^2\theta + \cos^2\theta = 1 \tag{11}$$

$$1 + \tan^2\theta = \frac{1}{\cos^2\theta} \tag{12}$$

これらの公式のうち，(1)〜(9)が成り立つ理由は，a の半径で描いた右の図から読みとれます．実線で描かれた直角三角形は

$$\sin\theta = \frac{c}{a}, \quad \cos\theta = \frac{b}{a},$$

$$\tan\theta = \frac{c}{b}$$

を表わしています．この θ をマイナスの方向にとったのが破線で描いた三角形で，ここでは c がマイナスの方向にきています．で，

$$\sin(-\theta) = \frac{-c}{a} = -\sin\theta$$

$$\tan(-\theta) = \frac{-c}{b} = -\tan\theta$$

なのですが，$\cos(-\theta)$のほうはbに変化がありませんから$\cos\theta$のまま，というわけで(1)～(3)の公式が成り立ちます．

つぎに，θの代りに$(\pi-\theta)$をとったのが —・— で描いた三角形です．角度がθのときと較べてcの値は変わりませんから

$$\sin(\pi-\theta) = \sin\theta$$

です．しかし，bのほうはマイナスになるので

$$\cos(\pi-\theta) = \frac{-b}{a} = -\cos\theta$$

$$\tan(\pi-\theta) = \frac{c}{-b} = -\tan\theta$$

となり，(7)～(9)の公式のうち，左辺の（　）の中が$-\theta$の部分が成りたつことがわかりました．これら以外の公式についても，同様に考えてみると容易にその理由がわかります．

また，(10)の公式については

$$\frac{\sin\theta}{\cos\theta} = \frac{c/a}{b/a} = \frac{c}{b} = \tan\theta$$

であることに異存はないでしょう．

さらに，(11)と(12)については

$$\sin^2\theta + \cos^2\theta = \left(\frac{c}{a}\right)^2 + \left(\frac{b}{a}\right)^2 = \frac{c^2+b^2}{a^2} = \frac{a^2}{a^2} = 1$$

$$1 + \tan^2\theta = 1 + \left(\frac{c}{b}\right)^2 = \frac{b^2+c^2}{b^2} = \frac{a^2}{b^2} = \frac{1}{\cos^2\theta}$$

と，三平方の定理を利用して証明できます．

参　考　(1) 3種の三角比は，
うっかりすると，ごちゃ混ぜに
なってしまいそうです．そこで，
図に描いたように，s と c と t の

ペンの運びを三角形上になぞらえて覚えておくことにしましょう．

(2)　sin(sine の略)，cos(cosine の略)，tan(tangent の略)の日本語訳は，正弦，余弦，正接です．

(3) 三角比の値は数表にもなっているし，電卓にも表示されます．ただし，30°，45°，60°の三角比は，いろいろな目的で使われることが多いので，下の表に列記しておきました．なお，これらの値は，30°と60°の直角三角形や45°の直角三角形の三平方の定理によって算出できることを確認していただきたいと思います．

$\theta°$	$\sin\theta$	$\cos\theta$	$\tan\theta$
0	0.000	1.000	0.000
30	0.500	0.866	0.577
45	0.707	0.707	1.000
60	0.866	0.500	1.732
90	1.000	0.000	∞

(4)　ラジアンは弧度ともいわれる角度の単位です．円の半径に等しい長さの円弧に対する中心角の大きさが1ラジアンで，約57.3°です．180°をπと通称しているのは，π(約 3.1416)ラジアンが180°だからです．

2.5 三角形の三角比

三角形の3つの角を A, B, C, また, それらに対応する3つの辺の長さを a, b, c とし, その三角形に外接する円の半径を R とすれば

$$\frac{a}{\sin A}=\frac{b}{\sin B}=\frac{c}{\sin C}=2R \quad \text{(正弦法則)} \tag{1}$$

$$\left.\begin{aligned} a&=b\cos C+c\cos B \\ b&=c\cos A+a\cos C \\ c&=a\cos B+b\cos A \end{aligned}\right\} \quad \text{(第1余弦法則)} \quad \begin{aligned} &(2)\\ &(3)\\ &(4) \end{aligned}$$

$$\left.\begin{aligned} a^2&=b^2+c^2-2bc\cos A \\ b^2&=c^2+a^2-2ca\cos B \\ c^2&=a^2+b^2-2ab\cos C \end{aligned}\right\} \quad \text{(第2余弦法則)} \quad \begin{aligned} &(5)\\ &(6)\\ &(7) \end{aligned}$$

また, 三角形の面積を S とすれば

$$S=\sqrt{s(s-a)(s-b)(s-c)} \quad \text{(ヘロンの公式)} \tag{8}$$

$$\text{ここで, } s=\frac{a+b+c}{2}$$

の関係があります.

例題 1 1つの辺の長さ a と, その両端の角 B と C とがわかっているとして, 他の2辺の長さ b と c とを求める式を作ってください.

答 まず, 残りの角 A は

$$A=180°-B-C$$

です. そして, この A と公式(1)を使うと

$$b = \frac{a \sin B}{\sin A} = \frac{a \sin B}{\sin(180° - B - C)}$$

$$c = \frac{a \sin C}{\sin A} = \frac{a \sin C}{\sin(180° - B - C)}$$

となり，これで三角形の 3 辺と 3 つの角がすべて求められました．

例題2 a が 9 cm，b が 10 cm，c が 7.5 cm であるとき，角 A は
おおよそ，なん度でしょうか．

答 公式(5)を変形して

$$\cos A = \frac{b^2 + c^2 - a^2}{2bc}$$

としたうえで数値を代入すると

$$\cos A = \frac{10^2 + 7.5^2 - 9^2}{2 \times 10 \times 7.5} \fallingdotseq 0.50$$

61 ページの表によって，cos の値が 0.5 になるような A は 60° であ
ることがわかります．

例題3 こんどは，例題 2 の三角形の面積を計算していただきま
しょう．

答 よく知られているように，三角形の面
積は「底辺×高さ÷2」です．したがって，面積 S
は図を参照すれば

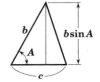

$$S = \frac{1}{2} c \cdot b \sin A = \frac{1}{2} \times 7.5 \times 10 \sin 60°$$

sin 60° は，61 ページの表によって約 0.866 ですから

$$S \fallingdotseq \frac{1}{2} \times 7.5 \times 10 \times 0.866 \fallingdotseq 32.5 \text{cm}^2$$

となります．ついでに公式(8)によって面積を求めてみましょう．

$$s = \frac{a+b+c}{2} = \frac{9+10+7.5}{2} = 13.25$$

ですから，面積 S は

$$S = \sqrt{13.25(13.25-9)(13.25-10)(13.25-7.5)} \fallingdotseq 32.4\,\text{cm}^2$$

となります．4行前の計算結果がわずかにちがうのは，$\sin A$ の近似計算の結果ですから，気にする必要はないでしょう．

公式(1)〜(8)の証明

頂角が A で底辺が a であるような三角形に外接する円を描き，その直径を $2R$ とします．つぎに，a を底辺とする直角三角形を作ると，その斜辺は円の直径となると同時に，円周角は一定であるという性質(70ページ)によって，直角三角形の頂角は A に等しくなります．そこで，この直角三角形に注目すると

$$\sin A = \frac{a}{2R} \qquad \therefore \quad \frac{a}{\sin A} = 2R$$

であることがわかります．B と b，C と c についても同様な関係がありますから，それらを総合すると**正弦法則**の公式(1)が現われるという仕掛けです．なお，いまは鋭角三角形の場合を取り上げましたが，鈍角三角形の場合でも，59ページの公式(7)などを利用すれば，同じように証明できます．

つぎは，**第1余弦法則**の証明ですが，これは，なんでもありません．右図を見るだけで

$$a = b\cos C + c\cos B \qquad \text{(2)と同じ}$$

がわかります．(3)と(4)についても同様です．

つづいて，**第2余弦法則**に移ります．第1余弦法則の式(2)，式(3)，式(4)にそれぞれ，a，b，c を掛けた後に式(2)に a をかけたものからそれぞれを引いてみてください．たちまち以下が現れます．

$$a^2 - b^2 - c^2 = -2bc \cos A$$

$$\therefore \quad a^2 = b^2 + c^2 - 2bc \cos A \qquad \text{(5)と同じ}$$

式(6)と式(7)についても同様に式(3)に b をかけたもの，式(4)に c をかけたものからそれぞれを引くと求まります．

関連する公式　　三角形に内接する円の半径を r とすれば，三角形の面積 S は

$$S = rs \qquad (\text{ここで} \quad 2s = a+b+c) \qquad (9)$$

で表わされます．その理由はつぎのとおりです．　A, B, C が角の大きさを表わすとともに，頂点の名称を示すものとすれば，右図において

$$S = \triangle OBC + \triangle OCA + \triangle OAB$$

$$= \frac{1}{2}ar + \frac{1}{2}br + \frac{1}{2}cr$$

$$= r\frac{a+b+c}{2} = rs$$

最後に残ったのは**ヘロンの公式**(8)ですが，これを証明するには，第4章でご紹介する公式が必要になります．そこで，証明は126ページまで待っていただかなければなりません．

参考　　ヘロン(Heron)はギリシャの数学者で，機械や建築などにも幅広い業績を残しています．ただ，B.C.150〜A.D.250 ごろの人というだけで生年や没年がわからず，そのこと自体が「ヘロン問題」といわれています．

2.6 四角形(四辺形ともいいます)

• 1組の対辺が平行な四角形を**台形**といいます.　　　(1)

• 2組の対辺が平行な四角形を**平行四辺形**といいます.　(2)

つぎのいずれかに該当する凸形四角形は平行四辺形です.

(2)′

（a）　2組の対辺の長さがそれぞれ等しい

（b）　2組の対角がそれぞれ等しい

（c）　1組の対辺が平行で,　かつ,　長さが等しい

（d）　対角線が互いに相手を二等分する

• 4つの角がすべて直角である平行四辺形を**長方形**といいます.　長方形の対角線は長さが等しく,　かつ,　互いに相手を二等分します.　その逆も成立します.　　　(3)

• 4辺の長さが等しい平行四辺形を**ひし形**といいます.　ひし形の対角線は直交し,　かつ,　互いに相手を二等分します.　その逆も成立します.　　　(4)

• 4つの角がすべて直角で,　かつ,　4辺の長さが等しければ**正方形**です.　正方形の対角線は長さが等しく,　直交し,　互いに相手を二等分します.　その逆も成立します.　　　(5)

例題1　　対角線が互いに相手を二等分するような四角形が,　平行四辺形であることを証明してください.

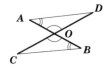

| 答 | 直線 AB と CD とが O で交わり

　　$AO = OB$, $CO = OD$

であるとします．∠AOD と ∠COB は対頂角だから同じ大きさです．そうすると，△AOD と △COB は，2辺とその間の角が等しいので合同です．したがって，∠DAB と ∠ABC は等しいのですが，この両角は直線 AD と CB にとって錯角の関係にありますから，AD と CB は平行です．同様に，直線 AC と BD が平行であることが証明できますから，四角形 ACDB は平行四辺形です．

　なお，(2)′～(5)に紹介した四角形の性質は，すべて似たような考え方で証明できます．

| 例題2 | 凹四角形の内角の和も，凸四角形の場合と同じく，4直角であることを証明してください．

| 答 | 図のような凹四角形 ABCD を2つの三角形に分割してみます．左側の三角形についていえば

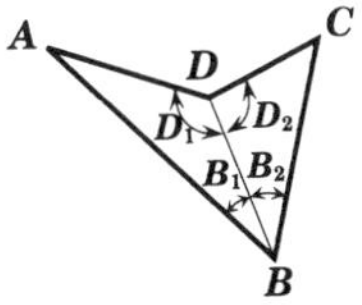

　　$\angle A + \angle B_1 + \angle D_1 = 180°$

ですし，右側の三角形についていえば

　　$\angle C + \angle B_2 + \angle D_2 = 180°$

です．この両式を加え合わせれば

　　$\angle A + (\angle B_1 + \angle B_2) + \angle C + (\angle D_1 + \angle D_2) = 360°$

　∴　$\angle A + \angle B + \angle C + \angle D = 360°$（4直角）

というわけです．なお，凸四角形の内角の和が4直角であることについては，54ページの式(9)のとおりです．

関連する性質 —— その1　　四角形の決定条件，すなわち，合同

条件のうち単純なものは，つぎのとおりです．

   （a）　4つの辺と，1つの対角線

   （b）　4つの辺と，1つの角

   （c）　3つの辺と，2つの対角線

   （d）　3つの辺と，それらの間の2つの角

   （e）　2つの辺と，3つの角

　このほかにも，「1つの角と，そこから出る対角線と，その角を作る2辺を含めた3つの辺」など，辺と角と対角線の組合せで，いくつもの決定条件を見いだすことができます．

　関連する性質 —— その2　　四角形が円に内接しているなら，対角の和はそれぞれ2直角です．この逆も成立します．その理由については70ページまでお預かりいたします．

　関連する性質 —— その3　　四角形が円に外接しているなら，2組の対辺の長さの和は同じです．この逆も成立します．その理由は，つぎのとおりです．

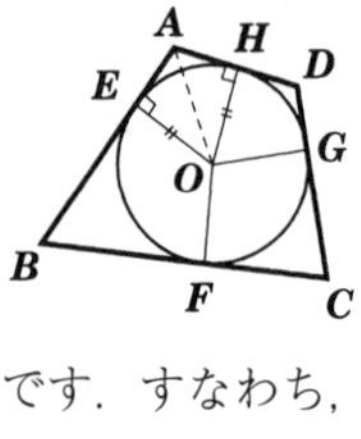

　四角形 $ABCD$ が，図のように，円に E, F, G, H で接していると思ってください．そうすると，$\angle AEO = \angle AHO = $ 直角です

し，$EO = HO$ ですから，$\triangle AEO$ と $\triangle AHO$ は合同です．すなわち，$AE = AH$ です．この考え方を他の部分にも適用すると

$$AE = AH, \quad BE = BF, \quad CF = CG, \quad DG = DH$$

の関係があることがわかります．したがって

$$AE + BE + CG + DG = AH + DH + BF + CF$$

であることがわかります．

　関連する定理　　四角形 $ABCD$ が，A, B, C, D の順で円に内接

しているなら

$$AB \cdot CD + BC \cdot AD = AC \cdot BD$$

の関係があり，その逆も成立します．これを**トレミーの定理**といいます．この証明も 71 ページまで，預からせてください．

参考 （1）四角形の相似の条件は，68 ページの決定条件において，辺と対角線については「比が等しい」と書き改めれば作り出すことができます．

（a） 4 組の辺および 1 組の対角線の比が等しい．

（b） 4 組の辺の比と，1 組の角が等しい．

（c） 3 組の辺および 2 組の対角線の比が等しい．

（d） 3 組の辺の比と，それらの間の 2 組の角が等しい．

（e） 2 組の辺の比と，3 組の角が等しい．

（2） 五角形以上の多角形についても，適宜，三角形に分割して考察することによって，性質が明らかになります．

（3） **対角線**とは，ふつう，多角形の隣り合わない頂点どうしを結ぶ線のことです．この定義に従うと，図の左側の凹四角形では，AC も対角線と呼ぶことになります．そうすると，四角形の決定条件にあげた「4 つの辺と 1 つの対角線」を決めただけでは，図のような 2 つの四角形ができてしまい，これでは決定条件とは言えません．

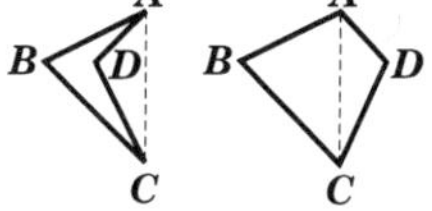

こういうわけで，多角形の決定条件に対角線を使う場合には，対角線は多角形の内側にあると，暗黙のうちに了解し合うことにします．

2.7 円

円周角は一定です. (1)

　とくに，半円に対する円周角は直角 (90°) です. (1)′

円周角は，中心角の 2 分の 1 です. (2)

円の弦と，その一端における接線とのなす角は，その角内
にある弧に対する円周角と同じです. (3)

弧 **AB** に対
する円周角 弧 **AB** に対
する中心角

円周角は一定　円周角＝$\frac{1}{2}$中心角　接線との角＝円周角

注意事項　(1)　弧 *AB* が半円より小さければ，円周角は 90° 以
下で，弧 *AB* が半円より大きければ，円周角は 90° 以上です.

　(2)　弧 *AB* が半円より小さければ，中心角は 180° 以下で，弧 *AB*
が半円より大きければ，中心角は 180° 以上です.

　(3)　弧を決めると弦は決まりますが，弦を決めても弧は決まりま
せん. 大回りの弧と小回りの弧ができるからです.

例題 1　68 ページに「四角形が円に内接しているなら，対角の和
はそれぞれ 2 直角」という性質をご紹介したまま，証明はお預かり
していました. その借りを返してください.

答　図のように，四角形 *ABCD* が円に内接しています. 中

心角が円周角の2倍であるという定理を弧 *BCD*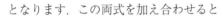
に適用すると

$$2\angle A = \angle O_1$$

です．また，弧 *BAD* に適用すると

$$2\angle C = \angle O_2$$

となります．この両式を加え合わせると

$$2(\angle A + \angle C) = \angle O_1 + \angle O_2 = 4\,\text{直角}\,(360°)$$

$$\therefore \quad \angle A + \angle C = 2\,\text{直角}$$

であることが証明できました．「∠*B*＋∠*D*＝2直角」のほうも，同じように証明できることは，いうに及びません．

例題2 こんども預かりものの返済です．69 ページに，**トレミーの定理**として，四角形 *ABCD* が円に内接しているなら

$$AB \cdot CD + BC \cdot AD = AC \cdot BD$$

であるとご紹介しました．対辺を掛け合わせた値を加えると，対角線を掛け合わせたものに等しいというのですから，もっともらしい定理です．この定理を証明してみようではありませんか．

答 この証明は，ちょっとした頭の体操で
す．まず，∠*ABD*＝∠*EBC* になるような *E* 点
を，対角線 *AC* の上にとっていただきます．そう
すると，∠*ADB* と ∠*ECB* は，弧 *AB* の上に立
つ円周角どうしで等しいので，相似を ∽ で表わすと

$$\triangle ABD \backsim \triangle EBC \quad \therefore \quad AD : CE = BD : BC \qquad (6)$$

です．また，∠*BAC* と ∠*BDC* は同じ円周角どうしで等しく，さらに ∠*ABE* と ∠*DBC* も等しいので

$$\triangle ABE \backsim \triangle DBC \quad \therefore \quad AB : BD = AE : CD \qquad (7)$$

式(6)と式(7)を

$$AD \cdot BC = BD \cdot CE \quad と \quad AB \cdot CD = AE \cdot BD$$

と変形したうえで，両式を加え合わせると

$$AD \cdot BC + AB \cdot CD = BD(CE + AE)$$

$$\therefore \quad AB \cdot CD + BC \cdot AD = AC \cdot BD$$

と，あい成りました．

【例題3】 円周上の P から1つの直径 AB に垂線を下すとともに，直径の一端 B とを結びます．そうすると，P における接線と PB との角 α は $\angle BPC$ に等しいことを証明してください．

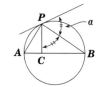

【答】 定理(3)によって，弦 PB に対する円周角 $\angle PAB$ は α と同じ大きさです．いっぽう，定理(1)′によって $\angle APB$ は直角ですから，$\triangle PAB$ と $\triangle PCB$ は相似なので，$\angle PAB = \angle BPC$ です．したがって，α は $\angle BPC$ に等しい……．

定理(1)と(2)の証明 まず，「円周角は中心角の2分の1」のほうから証明します．図の左半分は，弧 AB が作る円周角 $\angle APB$ の一辺が，たまたま中心 O の上を通っているところです．そうすると，$OP = OB$ ですから，$\triangle POB$ は二等辺三角形であり，したがって

$$\angle APB(円周角) = \angle PBO$$

です．いっぽう，$\angle AOB$(中心角)は $\triangle POB$ の O における外角なので

$$\angle APB + \angle PBO = \angle AOB$$

$$\therefore \quad 2\angle APB(\text{円周角}) = \angle AOB(\text{中心角})$$

ということになります.

　そこで, 図の右半分を見ていただきます. 弧 AC について考えれば, いまの理屈によって

$$2\angle APC = \angle AOC$$

ですし, 弧 CB について考えると

$$\angle 2CPB = \angle COB$$

ですから, この両方を加え合わせれば

$$2\angle APB(\text{円周角}) = \angle AOB(\text{中心角})$$

であることが明らかです. そうすると, ある弧に対する円周角が一定であることも明らかですし, また, 半円に対する中心角は 180° ですから, 半円に対する円周角が 90° であるのは当然です.

　定理(3)の証明　「円の弦と, その一端における接線とのなす角は……」という定理ですが, 定理がめんどうなわりに, 証明はなんでもありません. 図のように, 円の中心を通る AC を 1 辺とする補助の三角形を書き加えると, $\angle ABC$ は直角なので

$$\angle ACB = \text{直角} - \angle BAC$$

また　$\angle BAT = \text{直角} - \angle BAC$

故に　$\angle BAT = \angle ACB = \angle APB$

　参　考　数学の約束によれば, 円とは円周に囲まれた内側の全体をいいます. しかし, 「円に内接する四角形」のように, 円という言葉が円周の意味に使われることも少なくありません. この事情は, 三角形や四角形などについても同じです.

2.8 図形の面積　いろいろな図形の面積を A とすると

三角形　　$A = \dfrac{1}{2}ah$　　　　　　　　　(1)

$\quad\quad\quad = \sqrt{s(s-a)(s-b)(s-c)}$　(2)

$\quad\quad\quad$ここで　$s = \dfrac{1}{2}(a+b+c)$

台形　　　$A = \dfrac{1}{2}(a+b)h$　　　　　(3)

平行四辺形　$A = ah$　　　　　　　　(4)

長方形　　$A = ab$　　　　　　　　(5)

ひし形　　$A = ah$　　　　　　　　(6)

正方形　　$A = a^2$　　　　　　　　(7)

正 n 角形　$A = \dfrac{na^2}{4}\cot\dfrac{\pi}{n}$　　　(8)

$\quad\quad\quad = nr^2\tan\dfrac{\pi}{n}$　　　(9)

$\quad\quad\quad = \dfrac{nR^2}{2}\sin\dfrac{2\pi}{n}$　(10)

円　　　　$A = \pi r^2$　　　　　　　(11)

楕円　　　$A = \pi ab$　　　　　　　(12)

例題 1　4つの辺と1つの対角線が与えられれば四角形は定まるのでした(68ページ). いま, 図のように4つの辺, a, b, c, d と1つの対角線 e とが与えられたとき, この4角形の面積を求めてください.

答　この四角形の面積は2つの三角形の面積を加えたものですから, 公式(2)によって

$$A=\sqrt{s_1(s_1-a)(s_1-e)(s_1-d)}+\sqrt{s_2(s_2-b)(s_2-c)(s_2-e)}$$

$$\text{ただし,}\quad s_1=\frac{1}{2}(a+e+d),\ s_2=\frac{1}{2}(b+c+e)$$

なお, 四角形は「4つの辺と, 1つの角」や「3つの辺と, 2つの対角線」などによっても決定されます. これらの場合に, 四角形の面積がどのように求められるかを調べてみていただけませんか.

例題 2　半径1mの円に内接する正六角形の面積を計算してください. ついでに, その六角形に内接する円の半径も求めましょう.

答　まず, 六角形の面積を求めます. 公式(10)の n には6, R には1(m)を代入すると, 260ページの表を参照して

$$A=\frac{nR^2}{2}\sin\frac{2\pi}{n}=\frac{6\times1^2}{2}\sin\frac{2\pi}{6}$$

$$=3\sin60°\fallingdotseq3\times0.866=2.598\ \text{m}^2$$

と求まります. つぎに, この六角形に内接する円の半径は公式(9)における r ですから

$$2.598=nr^2\tan\frac{\pi}{n}=6\times0.577r^2$$

$$\therefore\quad r^2=\frac{2.598}{6\times0.577}\fallingdotseq0.750\qquad\text{したがって}\quad r\fallingdotseq0.866\ \text{m}$$

なお，ほんとうは，あとで出てくる式(16)を使うほうがスマートです．

例題3 中心角が α（単位はラジアン——61 ページ参照）であるような扇形の面積を求める公式を作っていただきましょうか．

答 やさしいので，ぶっきらぼーに式だけを書きます．

$$A = \frac{\alpha}{2\pi}\pi r^2 = \frac{1}{2}\alpha r^2$$

なお，α の単位が度なら

$$A = \frac{\alpha}{360}\pi r^2$$

公式(1)〜(12)が成り立つ理由　公式(1)と(3)〜(7)は，とくに付言する必要もないでしょう．また，(2)については 127 ページまでお待ちください．

では，正 n 角形についての公式(8)，(9)，(10)の成り立ちを追っていきます．正 n 角形の中心 O と n 個の頂点とを結ぶ直線を引いて，正 n 角形を n 個の二等辺三角形に分割します．その1つを図に描いてみると，底辺が a，高さが r，傾辺が R，頂角が $2\pi/n$ の二等辺三角形になっています．そして，正 n 角形の面積は，この二等辺三角形の面積の n 倍であることは言うまでもありません．

さて，図から明らかなように，この三角形の面積を S，正 n 角形の面積を A とすれば

$$S = \frac{1}{2}ar \quad \therefore \quad A = \frac{n}{2}ar \tag{13}$$

です．ところが，126 ページ以降にご紹介する三角関数を前借りし

て図の三角形に適用すると

$$r \tan\frac{\pi}{n} = \frac{a}{2} \quad \begin{cases} \therefore \quad r = \frac{a}{2}\cot\frac{\pi}{n} & (14) \\[2ex] \therefore \quad a = 2r\tan\frac{\pi}{n} & (15) \end{cases}$$

式(14)を式(13)に，また，式(15)を式(13)に代入すると

$$A = \frac{n}{2}a\cdot\frac{a}{2}\cot\frac{\pi}{n} = \frac{na^2}{4}\cot\frac{\pi}{n} \qquad (8)\text{と同じ}$$

$$A = \frac{n}{2}r\cdot 2r\tan\frac{\pi}{n} = nr^2\tan\frac{\pi}{n} \qquad (9)\text{と同じ}$$

さらに，図の三角形から

$$\frac{a}{2} = R\sin\frac{\pi}{n}, \quad r = R\cos\frac{\pi}{n} \qquad (16)$$

したがって，三角形の面積は，130ページの公式(1)を使えば

$$S = \frac{1}{2}ar = R\sin\frac{\pi}{n}\cdot R\cos\frac{\pi}{n}$$

$$= \frac{R^2}{2}\sin\frac{2\pi}{n} \qquad (17)$$

となるので，正 n 角形の面積 A は

$$\therefore \quad A = \frac{nR^2}{2}\sin\frac{2\pi}{n} \qquad (10)\text{と同じ}$$

というぐあいに，公式(8)，(9)，(10)が作り出されました．

　公式(11)と(12)をつくるには，積分という操作が必要なので，ここでは省略しましょう．念のために252ページの付録(4)に，円の面積と球の体積の求め方を載せておきました．

関連する公式

　　　　半径 r の円の円周の長さ $= 2\pi r$ 　　　　　　　(18)

2.9 立体の体積　いろいろな立体の体積を V とすると

球　　　　　　　　　　　$V = \dfrac{4}{3}\pi r^3$ 　　　　　(1)

錐体（円錐，角錐など）　$V = \dfrac{1}{3}Ah$ 　　　　　(2)

　　　ここで，A は底面積，h は高さ

柱体（円柱，角柱など）　$V = Ah$ 　　　　　(3)

　　　　　　　　　　　　$V = A_0 l$ 　　　　　(4)

　　　ここで，A_0 は l に垂直な断面積

  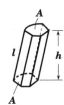

例題 1 　底面が半径 r の円で，高さが h の円錐の体積を求めてください.

答 　底面の面積 A は πr^2 ですから，公式によって

$$V = \dfrac{1}{3}\pi r^2 h$$

例題 2 　この円錐の上半分を切り捨てたあとに残る円錐台の体積は，いくらでしょうか.

答 　切り捨てられる上半分に注目してみると，底面の半径は $r/2$，高さは $h/2$ の円錐ですから，その体積は

$$\frac{1}{3}\pi\left(\frac{r}{2}\right)^2\frac{h}{2}=\frac{1}{3}\cdot\frac{1}{8}\pi r^2 h$$

したがって，あとに残る円錐台の体積は

$$V=\frac{1}{3}\pi r^2 h-\frac{1}{3}\cdot\frac{1}{8}\pi r^2 h=\frac{7}{24}\pi r^2 h$$

です．つまり，1/8 の体積が切り捨てられたことになります．

例題3　　断面が $a\times a$ であるような角材を，α の角度をつけて l の間隔で切断したブロックを題材にして，公式(3)と(4)が等しいことを実証してみましょう．

答　　まず，公式(3)の考え方に従うと

$$A=a\times\frac{a}{\sin\alpha},\ \ h=l\sin\alpha$$

したがって，　　$V=Ah=\dfrac{a^2}{\sin\alpha}l\sin\alpha=a^2 l$

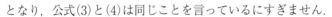

つぎに，公式(4)の考え方に従うなら

$$V=A_0 l=a^2 l$$

となり，公式(3)と(4)は同じことを言っているにすぎません．

公式(1)〜(3)の由来　　公式(1)と(2)を作るには，積分という操作が必要です．代表として(1)のほうの由来を 252 ページの付録(4)に載せてあります．公式(3)も，積分によっても作れますが，例題3によって直感的に納得するのが近道かもしれません．

関連する公式

- 球の表面積　　$S=4\pi r^2$　　　　　　　　　　　　　(5)
- 円錐の側面積　$S=\pi r l$　　　　　　　　　　　　　(6)
- 柱体の側面積　$S=Ll$（L は A_0 の周の長さ）　　(7)

2.10 平面上の点　2つの点の座標を (x_1, y_1), (x_2, y_2) とすると

$$2\text{点間の距離は}\quad l=\sqrt{(x_2-x_1)^2+(y_2-y_1)^2} \qquad (1)$$

2点間の距離を $m:n$ に分割する点の座標は

$$\text{内分点}\quad \left(\frac{mx_2+nx_1}{m+n},\ \frac{my_2+ny_1}{m+n}\right) \qquad (2)$$

$$\text{外分点}\quad \left(\frac{mx_2-nx_1}{m-n},\ \frac{my_2-ny_1}{m-n}\right) \qquad (3)$$

例題1　3つの点 A, B, C の座標が $(2,1)$, $(4,2)$, $(3,4)$ であるとき, $\triangle ABC$ はどのような三角形でしょうか.

答　3辺の長さを求めてみると

$$AB=\sqrt{(2-4)^2+(1-2)^2}=\sqrt{5}$$

$$BC=\sqrt{(4-3)^2+(2-4)^2}=\sqrt{5}$$

$$CA=\sqrt{(3-2)^2+(4-1)^2}=\sqrt{10}$$

ですから, これは正真正銘の二等辺三角形にちがいありません.

例題2　2つの点 A と B の座標が $(-2,1)$ と $(4,4)$ であるとき, A と B の間を $2:1$ に内分する点の座標を求めてください.

答　公式(2)に A と B の座標の値と, $m=2$, $n=1$ を代入すると

$$\left(\frac{2\times4-1\times2}{2+1},\ \frac{2\times4+1\times1}{2+1}\right)=(2,3)$$

が求められます. グラフ用紙に A と B を打点し, その間を $2:1$ に内分してみると, 簡単に $(2,3)$ が見つかるばかりか, 公式(2)の意味

までわかってしまうでしょう.

公式(1)~(3)が成立する理由　　まず, 公式(1)を確かめるために,
図をごらんください. 2つの点の x 軸
方向の距離は x_2-x_1 で, y 軸方向の距
離は y_2-y_1 です. そうすると, 2点の
間の距離は三平方の定理によって

$$l=\sqrt{(x_2-x_1)^2+(y_2-y_1)^2}$$

(1)と同じ

に決まっています. 公式(2)と(3)については, 2点間の距離を $m:n$
に分割する位置は, x 軸方向にも y 軸方向にも $m:n$ に分割する点
であることを, 式に表わしたものにすぎません.

関連する公式　　3つの点 A, B, C の座標を (x_1, y_1), (x_2, y_2),
(x_3, y_3) とすると, $\triangle ABC$ の重心の座標は

$$\left(\frac{x_1+x_2+x_3}{3}, \ \frac{y_1+y_2+y_3}{3} \right)$$

(4)

で表わされます.

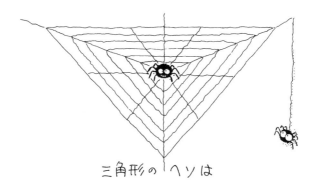

三角形のヘソは

2.11 直線の方程式

y 軸を b で切り，傾きが a である直線の方程式は

$$y = ax + b \tag{1}$$

(x_1, y_1) を通り，傾きが a である直線の方程式は

$$y - y_1 = a(x - x_1) \tag{2}$$

(x_1, y_1) と (x_2, y_2) を通る直線の方程式は

$$y - y_1 = \frac{y_2 - y_1}{x_2 - x_1}(x - x_1) \tag{3}$$

x 軸を x_0 で切り，y 軸を y_0 で切る直線の方程式は

$$\frac{x}{x_0} + \frac{y}{y_0} = 1 \tag{4}$$

公式(3)において，$x_2 - x_1 = 0$ のときは……？とか，公式(4)で x_0 や y_0 がゼロのときは……？とか，鋭いけれど嫌味な疑問を持たれた方に申し上げます．つぎの例題の図などを見ていただければ，$x_2 - x_1 = 0$ のときの公式(3)は $x = x_1$ の直線を表わすし，公式(4)では x_0 がゼロなら y_0 は不定，y_0 がゼロなら x_0 が不定になってしまうから，x_0 も y_0 もゼロの場合は公式(4)は使えないことをご理解いただけることと思います．

[例　題]　直線を表わすために 4 つもの方程式を列挙してありますが，これらの式が同じものであることを現象的に説明してください．まるで，例題の名をかたった解説みたいですが……．

[答]　公式(1)は，x がゼロのときに y は b であり，あとは，x

(1) $y=ax+b$　　(2) $y-y_1=a(x-x_1)$　(3) $y-y_1=\frac{y_2-y_1}{x_2-x_1}(x-x_1)$　　(4) $\frac{x}{x_0}+\frac{y}{y_0}=1$

の増加につれてその a 倍ずつ y が増えていくということを表現したものです.

つぎに，公式(2)において，$x=0$ としてみると

$$y-y_1=-ax_1 \qquad \therefore \quad y=y_1-ax_1$$

です．これは，この直線が y 軸を y_1-ax_1 で切ることを意味します．つまり，公式(1)の b を y_1-ax_1 と置き換えたものが公式(2)にすぎません.

つづいて，公式(3)に進みます．図からわかるように，直線の傾き a は

$$a=\frac{y_2-y_1}{x_2-x_1}$$

ですから，この値を公式(2)に代入すると，即，公式(3)となります．ですから，公式(3)は公式(2)と同じものです.

最後は，公式(4)です．図から読みとれるように，傾き a は

$$a=-\frac{y_0}{x_0}$$

ですし，また，直線が y 軸を切る位置は y_0 ですから，これらを公式(1)に代入すると

$$y=-\frac{y_0}{x_0}x+y_0$$

となり，この式を変形すると公式(4)が現われます.

84

　以上のように，公式(1)〜(4)は，姿こそ異なりますが，いずれも同じ直線の方程式なのです.

　なお，直線の一般形としては公式(1)の形を使うことが多いのですが，さらに一般化した形として

$$ax + by + c = 0 \quad (a \neq 0 \quad または \quad b \neq 0) \tag{5}$$

を使うこともあります.

関連する公式 ── その1　　2本の直線の方程式を

$$\left. \begin{array}{l} y = a_1 x + b_1 \\ y = a_2 x + b_2 \end{array} \right\} とすると$$

　この2直線が平行である条件は　$a_1 = a_2$ (6)

　この2直線が垂直である条件は　$a_1 \cdot a_2 = -1$ (7)

式(6)のほうは，両方の直線の傾きが等しいのですから，平行な2直線であるに決まっています. 式(7)のほうについては，図をごらんください. いっぽうの直線の傾きを $a_1 = \dfrac{v}{u}$ とすると，それに直交する直線の傾きは $a_2 = -\dfrac{v}{u'}$ です. ところが，△ABDと△BCDは相似ですから，$\dfrac{v}{u} = \dfrac{u'}{v}$, つまり $a_1 = -\dfrac{1}{a_2}$ です. したがって

$$a_1 a_2 = -1 \qquad (7)と同じ$$

のときに，両方の直線は直交することになります.

関連する公式 ── その2

$$\left. \begin{array}{l} y = a_1 x + b_1 \\ y = a_2 x + b_2 \end{array} \right\} の交点を (x_0, \ y_0) とすると$$

$$x_0 = -\frac{b_1 - b_2}{a_1 - a_2}, \quad y_0 = \frac{a_1 b_2 - a_2 b_1}{a_1 - a_2} \tag{8}$$

で表わされます．また

$$\left.\begin{array}{l} a_1 x + b_1 y + c_1 = 0 \\ a_2 x + b_2 y + c_2 = 0 \end{array}\right\} \text{の交点を } (x_0, \ y_0) \text{ とすると}$$

$$x_0 = \frac{b_1 c_2 - b_2 c_1}{a_1 b_2 - a_2 b_1}, \quad y_0 = \frac{a_2 c_1 - a_1 c_2}{a_1 b_2 - a_2 b_1} \tag{9}$$

となります．公式(8)も(9)も，直線の方程式の x と y に x_0 と y_0 を代入して，2つの方程式を連立して解いた答えであることは，いうに及びません．なお，公式(9)のほうは，123ページに形を変えて再び現われる予定です．

関連する公式 —— その3

一点 $(x_1, \ y_1)$ から直線 $ax + by + c = 0$ までの距離 d は

$$d = \frac{|ax_1 + by_1 + c|}{\sqrt{a^2 + b^2}} \tag{10}$$

で求められます．この公式を作る作業を列記すると1ページほど費やしてしまいますので，作業の手順だけを紹介させていただきます．

まず，$ax + by + c = 0$ に直交し，点 $(x_1, \ y_1)$ を通る直線の方程式を公式(7)と公式(2)を利用して作り，両直線の交点 (x_0, y_0) を求めます．そして，三平方の定理を利用して

$$d = \sqrt{(x_0 - x_1)^2 + (y_0 - y_1)^2}$$

によって d を求めると，公式(10)ができ上がります．

2.12 円と2次曲線の方程式

- 一点 (x_0, y_0) を中心とする半径 r の円の方程式は

$$(x-x_0)^2+(y-y_0)^2=r^2 \qquad (1)$$

  この円に，円周上の一点 (x_1, y_1) で接する直線の方程式は

$$(x-x_0)(x_1-x_0)+(y-y_0)(y_1-y_0)=r^2 \qquad (2)$$

- 2次曲線の一般式は

$$ax^2+2hxy+by^2+2gx+2fy+c=0 \qquad (3)$$

  この一般式が円を表わすときには

$$x^2+y^2+2gx+2fy+c=0 \qquad (4)$$

例題1 $x^2+y^2=4$ の円に，$y=1$ で接する直線の方程式を求めてください.

答 この円の円周上で $y=1$ になるような x の値は

$$x=\pm\sqrt{4-y^2}=\pm\sqrt{3}$$

したがって，$(+\sqrt{3},\ 1)$ と $(-\sqrt{3},\ 1)$ で，この円に接する直線の方程式を求めればいいはず……. そこで，公式(2)の x_1 と y_1 にこれらの値を代入し，x_0 と y_0 をゼロとみなせば，直線の方程式は

$$\sqrt{3}x+y=4 \quad \text{つまり} \quad y=-\sqrt{3}x+4$$
$$-\sqrt{3}x+y=4 \quad \text{つまり} \quad y=\ \ \sqrt{3}x+4$$

例題2 公式(1)と公式(4)とを対比して，定数どうしの関係を明らかにしておきましょう.

答 公式(4)のほうを変形していきます.

$$x^2+y^2+2gx+2fy+c$$

$$= (x+g)^2 + (y+f)^2 - g^2 - f^2 + c = 0$$

$$\therefore \quad (x+g)^2 + (y+f)^2 = g^2 + f^2 - c$$

この結果を公式(1)と対比してみると

$$g = -x_0, \quad f = -y_0, \quad g^2 + f^2 - c = r^2$$

となっています．すなわち，公式(4)は，一点$(-g, \ -f)$を中心とする半径$\sqrt{g^2 + f^2 - c}$の円を示していることが判明しました．

公式(1)と(2)の成り立ち　　話をやさしくするために，座標の原点$(0,0)$に中心がある円を考えます．円周上の一点(x_1, y_1)については，図から明らかなように，三平方の定理

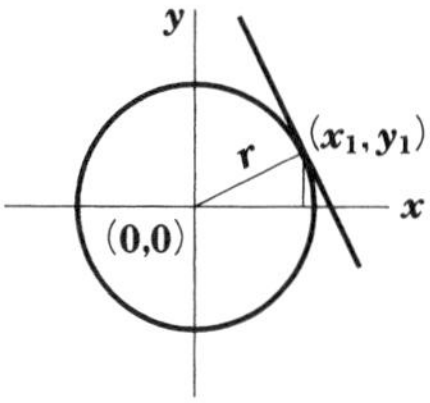

$$x_1{}^2 + y_1{}^2 = r^2$$

が成り立ちます．そして，この関係は円周上のどこでも成立しますから，円周を表わす式は

$$x^2 + y^2 = r^2$$

です．もし，中心が(x_0, y_0)にあれば，$x - x_0$と$y - y_0$に関してこの関係が成り立つはずですから

$$(x - x_0)^2 + (y - y_0)^2 = r^2 \qquad\qquad (1)と同じ$$

は当然でしょう．

つぎに，図のように，円周上の点(x_1, y_1)で接する直線があるとします．中心と点(x_1, y_1)とを結ぶ半径の傾きはy_1/x_1ですから，84ページの公式(7)によって，接線の傾きは$-x_1/y_1$です．この傾きをもって点(x_1, y_1)を通る直線の方程式は，82ページの公式(2)によって

$$y - y_1 = -\frac{x_1}{y_1}(x - x_1)$$

となります. あとは式を変形して, $x_1{}^2 + y_1{}^2 = r^2$ とすれば

$$xx_1 + yy_1 = r^2$$

が現われます. 円の中心が (x_0, y_0) にあれば, x, x_1, y, y_1 が $x - x_0$, $x_1 - x_0$, $y - y_0$, $y_1 - y_0$ に変わるので

$$(x - x_0)(x_1 - x_0) + (y - y_0)(y_1 - y_0) = r^2 \qquad \text{(2)と同じ}$$

となることは, 前例と同じ精神です.

2次曲線についての補足　公式(3)は, a, h, b, …などの係数どうしの関係によっては, 2本の直線を表わしたり, そのような方程式を満たす点がこの世に存在しない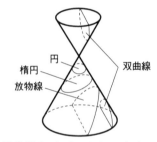などのケースも起こり得るのですが, そのようなケースを除くと, **円**, **楕円**, **放物線**, **双曲線**のいずれかになります. そして, この4種類の2次曲線は, 図のように円錐を平面で切ったときに現われる曲線なので, **円錐曲線**と呼ばれたりします. そして, 公式(3)において

$$a = b, \ h = 0 \qquad \text{なら　円}$$
$$ab - h^2 > 0 \qquad \text{なら　楕円}$$
$$ab - h^2 < 0 \qquad \text{なら　双曲線}$$
$$ab - h^2 = 0 \qquad \text{なら　放物線}$$

となります. また, 適当な直交座標軸を選ぶことによって, ちょうど円の方程式が公式(1)の形でも表わすことができたように

楕円は　　$$\frac{x^2}{a^2} + \frac{y^2}{b^2} = 1 \qquad (5)$$

双曲線は　$\dfrac{x^2}{a^2}-\dfrac{y^2}{b^2}=1$ 　　　　　(6)

放物線は　$y^2=4ax$ 　　　　　(7)

の形で表わすことができます.

参 考　(1)　円錐曲線の中で, 円と並んでなじみの深いのは放物線です. 放物線は, 文字どうり, 放られた物が空中で描く軌跡です. その場合, 物を投げ出す位置を座標の原点とし, 飛距離の方向を x 軸, 高さの方向を y 軸にとって軌跡を表現するのがふつうです. そのとき, 軌跡の方程式は

$y=-ax^2+bx$ 　　　　　(8)

（a と b は投げる角度や速度などによって決まる定数）

の形になります. 式(7)が x 軸方向に山頂が寝ている放物線であるのに対して, 式(8)のほうは y 軸方向に山頂が立っていて, いかにも放られた物体が空中で描く軌跡を思わせます.

(2)　ついでですから, なじみの深い曲面の方程式も紹介しておきましょう.

x 軸を x_0 で切り, y 軸を y_0 で切り, z 軸を z_0 で切る**平面**

$\dfrac{x}{x_0}+\dfrac{y}{y_0}+\dfrac{z}{z_0}=1$ 　　　　　(9)

（82 ページの公式(4)と見較べてください）

一点 (x_0, y_0, z_0) を中心とする半径 r の**球面**

$(x-x_0)^2+(y-y_0)^2+(z-z_0)^2=r^2$ 　　　　　(9)

（86 ページの公式(1)と見較べてください）

　この章では，平面上の図や物体を主として「形」という観点から解析してきました．これに対して，点や線や面のつながり方という観点から図や物体の性格をとらえようとする数学を**トポロジー**(位相幾何学)といいます．

　トポロジーによれば，「し，つ，ろ」などはいずれも枝分れのない一本の線だから同じ仲間，「う，い，こ」などは分離した2本の線どうしなので同族，「さ，け，か」なども同族……というわけです．

　トポロジーは，一筆書き，メビウスの帯，クラインの壺などの話題性に富むばかりか，通信網や輸送網の解明に役立つなどの実用性にも注目されています．興味のある方は『図形のはなし』をどうぞ．

3. ベクトルと行列の正体

── 数の情報をまとめて運べ ──

　　ベクトルと行列は兄弟ぶんです．ベクト
ルは行列の一部であると考えてもいいで
しょう．この兄弟は，多元（未知数の多い）
の連立1次方程式などの線形代数には，欠
かせない小道具です．本書では紙面を節約
するために2元か3元しか例示できず，小
道具の便利さを実感していただけないのが
残念です．ぜひ，5元か6元くらいの連立
1次方程式を行列なしで解く場合と，行列
を使って解く場合を体験して比較し，この
小道具の威力を思い知っていただきたいも
のです．

3.1 ベクトルの表わし方

- 大きさ(長さ)と方向をもつ量を**ベクトル**(vector)といいます.

- 平面(空間)内の A 点から B 点に向う線分はベクトルで, これを $\overrightarrow{AB}$ または $\vec{a}$ などのように書き表わします. また, その大きさは $|\overrightarrow{AB}|$, $|\vec{a}|$ です.

- 大きさと方向が同じベクトルは, どこにあっても等しいとみなします.

- 大きさが等しく逆の向きをもつベクトルを互いに**逆ベクトル**といいます. $\overrightarrow{AB}$ の逆ベクトルは $\overrightarrow{BA}$ で, $\vec{a}$ の逆ベクトルは $-\vec{a}$ で表わします.

- ベクトルを図示するときには矢印を描くのがふつうです. そのとき, 矢印の長さがベクトルの大きさを, 矢印の方向がベクトルの方向を示します.

- xy 平面のベクトル $\vec{a}$ と点 $A(a_x, a_y)$ について

$$\vec{a} = \overrightarrow{OA}$$

であるとき, a_x と a_y は $\vec{a}$ の **x 成分**と **y 成分**であるといい

$$\vec{a} = (a_x,\ a_y),\quad \vec{a} = \begin{pmatrix} a_x \\ a_y \end{pmatrix},\quad \vec{a} = \begin{bmatrix} a_x \\ a_y \end{bmatrix}$$

などと書き表わします. なお

$$|\vec{a}| = \sqrt{a_x{}^2 + a_y{}^2},\quad a_x = |\vec{a}| \cos\theta,\quad a_y = |\vec{a}| \sin\theta$$

です.

補　足　（1）　大きさだけをもち方向をもたない量は，**スカラー**と呼ばれます．スカラーは，ふつうの実数で表わせます．

（2）　大きさがゼロの量もベクトルとして扱うことがあり，これを**零ベクトル**と呼んで，$\vec{0}$ で表わします．

（3）　大きさが1のベクトルを**単位ベクトル**といいます．

（4）　x 軸，y 軸に沿った正の向きの単位ベクトル $\vec{e_x}(1,0)$，$\vec{e_y}(0,1)$ を**基本ベクトル**といいます．

（5）　ベクトルは，平面上や立体空間においてばかりでなく，もっと高次元の空間においても成立する概念ですが，この本では，話を平易にするために，主として平面上のベクトルを取り扱います．3次元以上の空間でも同じ理屈が通用すると考えてください．

例　題　平行四辺形の4辺をそれぞれベクトルとみなして，等しいベクトルの組合せと，逆ベクトルの組合せを列挙してください．

答　等しいベクトルの組合せは
$$\vec{AB}=\vec{DC},\ \ \vec{BA}=\vec{CD},\ \ \vec{AD}=\vec{BC},\ \ \vec{DA}=\vec{CB}$$
逆ベクトルの組合せは
$$\vec{AB} と \vec{CD},\ \ \vec{BA} と \vec{DC},\ \ \vec{AD} と \vec{CB},\ \ \vec{DA} と \vec{BC}$$

参　考　（1）　「ベクトル」とはラテン語で「運び屋」のことです．なにかを矢印に沿った方向へ運ぶような感じだからでしょうか．

（2）　ベクトルは，物理学でも多用されます．力が作用するとき，その力の大きさと作用する方向とを同時に表現するには，ベクトルがぴったりだからです．

94

3.2 ベクトルの和と差

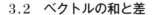

$\vec{a}=\overrightarrow{OA}$, $\vec{b}=\overrightarrow{OB}$ であるとき

$$\vec{a}+\vec{b}=\overrightarrow{OA}+\overrightarrow{OB}=\overrightarrow{OC} \qquad (1)$$

$$\vec{a}-\vec{b}=\overrightarrow{OA}-\overrightarrow{OB}=\overrightarrow{BA} \qquad (2)$$

$\vec{a}=\begin{bmatrix}a_x\\a_y\end{bmatrix}$, $\vec{b}=\begin{bmatrix}b_x\\b_y\end{bmatrix}$ のとき $\vec{a}\pm\vec{b}=\begin{bmatrix}a_x\pm b_x\\a_y\pm b_y\end{bmatrix}$ (3)

$$\vec{a}+\vec{b}=\vec{b}+\vec{a} \qquad \text{(交換法則)} \qquad (4)$$

$$\vec{a}+(\vec{b}+\vec{c})=(\vec{a}+\vec{b})+\vec{c} \qquad \text{(結合法則)} \qquad (5)$$

$$\vec{a}+\vec{0}=\vec{a} \qquad (6)$$

$$\vec{a}+(-\vec{a})=\vec{0} \qquad (7)$$

$$\vec{a}+(-\vec{b})=\vec{a}-\vec{b} \qquad (8)$$

補足 若干の補足をしながら，公式が成り立つ理由にも触れてしまいましょう．まず，公式(1)についてです．ベクトルを矢印で表わすときには，その長さと方向に意味があるのでしたから，$\vec{a}$ に $\vec{b}$ を加えるという操作は，

(1) $\vec{a}+\vec{b}=$

(2) $\vec{a}-\vec{b}=$

$\vec{a}$ の矢印に $\vec{b}$ の矢印を継ぎ合わせる操作であり，$\vec{a}$ と $\vec{b}$ とを加え合わせた結果は，$\vec{a}$ の始点から $\vec{b}$ の終点に至るベクトルであると考えるのが理に適っています．ところが，図のような平行四辺形では，$\overrightarrow{OB}=\overrightarrow{AC}$ でしたから

$$\vec{a}+\vec{b}=\overrightarrow{OA}+\overrightarrow{OB}=\overrightarrow{OA}+\overrightarrow{AC}=\overrightarrow{OC} \qquad \text{(1)と同じ}$$

という理屈になります.

つぎは, 公式(2)のほうです. 図を見ながら付き合ってください. $\vec{a}-\vec{b}$ というのは, $\vec{a}$ の矢印に逆向きの $\vec{b}$ の矢印を継ぎ足す操作です. その結果を表わすベクトルは $\overrightarrow{OD}$ ですが, $\overrightarrow{OD}=\overrightarrow{BA}$ ですから

$$\vec{a}-\vec{b}=\overrightarrow{BA} \qquad\qquad \text{(2)と同じ}$$

ということになります.

公式(3)については, 右の図を見ていただくだけで, じゅうぶんだろうと思います. 図には x 成分についてしか描いてありませんが, y 成分についても同じことです.

公式(4)〜(6)は, 数の世界の法則がベクトルの世界でも通用することを教えています. (4)は加法の**交換法則**, (5)は加法の**結合法則**と呼ばれ, 110 ページや 192 ページなど, あちらこちらに顔を出す予定です.

例題 1 4つの点 A, B, C, D があるとき

$$\overrightarrow{AB}-\overrightarrow{CD}=\overrightarrow{AC}-\overrightarrow{BD}$$

が常に成り立つことを証明してください.

答 移項してみると

$$\overrightarrow{AB}+\overrightarrow{BD}=\overrightarrow{AC}+\overrightarrow{CD}$$

となっています. 左辺は, $\overrightarrow{AB}$ と $\overrightarrow{BD}$ を B 点で継ぎ足したものですから, その結果は $\overrightarrow{AD}$ となるに決まっています. 右辺だって, $\overrightarrow{AC}$ と $\overrightarrow{CD}$ を C 点で継ぐのですから, やっぱり $\overrightarrow{AD}$ になるに決まっています. したがって例題の式は必ず成立します.

3.3 ベクトルの実数倍

k が実数であれば，$k\vec{a}$ は

$k>0$ なら　$\vec{a}$ と同じ向きで，大きさが $k\,|\vec{a}\,|$ のベクトル (1)

$k=0$ なら　$\vec{0}$ (2)

$k<0$ なら　$-\vec{a}$ と同じ向きで，大きさが $|k|\,|\vec{a}\,|$ のベクトル (3)

k が実数で，$\vec{a}=\begin{bmatrix}a_x\\a_y\end{bmatrix}$ のとき

$$k\vec{a}=\begin{bmatrix}ka_x\\ka_y\end{bmatrix}\qquad(4)$$

m と n が実数なら

$m(n\vec{a})=n(m\vec{a})=mn\vec{a}$　（結合法則） (5)

$\vec{a}(m+n)=m\vec{a}+n\vec{a}$　（分配法則） (6)

$m(\vec{a}+\vec{b})=m\vec{a}+m\vec{b}$　（分配法則） (7)

例題1 $2(3\vec{a}-\vec{b})-3(-3\vec{a}+\vec{b})$ を計算してください．

答 $2(3\vec{a}-\vec{b})-3(-3\vec{a}+\vec{b})=6\vec{a}-2\vec{b}+9\vec{a}-3\vec{b}$

$$=15\vec{a}-5\vec{b}=5(3\vec{a}-\vec{b})$$

例題2 $\vec{a}=m\vec{b}+n\vec{c}$ になるような実数 m と n を求めてください．ただし，$\vec{a}=\begin{bmatrix}1\\-2\end{bmatrix}$, $\vec{b}=\begin{bmatrix}4\\3\end{bmatrix}$, $\vec{c}=\begin{bmatrix}-3\\-1\end{bmatrix}$ です．

答 $\vec{a}=m\vec{b}+n\vec{c}$ に，それぞれの成分の値を代入すると

$$\begin{bmatrix}1\\-2\end{bmatrix}=m\begin{bmatrix}4\\3\end{bmatrix}+n\begin{bmatrix}-3\\-1\end{bmatrix}=\begin{bmatrix}4m\\3m\end{bmatrix}+\begin{bmatrix}-3n\\-n\end{bmatrix}=\begin{bmatrix}4m-3n\\3m-n\end{bmatrix}$$

したがって $\begin{cases} 1=4m-3n \\ -2=3m-n \end{cases}$

この2式を連立して解くと $m=-\dfrac{7}{5},\ n=-\dfrac{11}{5}$

例題 3 $\triangle ABC$ があり,AB の中点を P,AC の中点を Q としま
す.また,$\overrightarrow{AB}=\vec{b}$,$\overrightarrow{AC}=\vec{c}$ としましょう.このとき,$\overrightarrow{BQ}$ と $\overrightarrow{PQ}$
を $\vec{b}$ と $\vec{c}$ とで表わしてください.

答 まず,$\overrightarrow{BQ}$ のほうを求めます.

$$\overrightarrow{AB}+\overrightarrow{BQ}=\overrightarrow{AQ} \quad \therefore \quad \overrightarrow{BQ}=\overrightarrow{AQ}-\overrightarrow{AB}$$

右辺の $\overrightarrow{AQ}$ は $\overrightarrow{AC}$ の $\dfrac{1}{2}$,つまり $\dfrac{1}{2}\vec{c}$ ですから

$$\overrightarrow{BQ}=\dfrac{1}{2}\vec{c}-\vec{b}$$

つぎに,$\overrightarrow{PQ}$ のほうについては

$$\overrightarrow{AP}+\overrightarrow{PQ}=\overrightarrow{AQ} \quad \therefore \quad \overrightarrow{PQ}=\overrightarrow{AQ}-\overrightarrow{AP}$$

したがって,$\overrightarrow{PQ}=\dfrac{1}{2}\vec{c}-\dfrac{1}{2}\vec{b}=\dfrac{1}{2}(\vec{c}-\vec{b})$

関連する公式 $\vec{a}=\begin{bmatrix} a_x \\ a_y \end{bmatrix}$ であるとき

$$\vec{a}=\vec{a}_x+\vec{a}_y \tag{8}$$

$$\left.\begin{array}{l} \vec{a}_x=a_x\vec{e}_x \\ \vec{a}_y=a_y\vec{e}_x \end{array}\right\} \tag{9}$$

$$\vec{a}=a_x\vec{e}_x+a_y\vec{e}_y \tag{10}$$

ここで,$\vec{e}_x$ と $\vec{e}_y$ は**基本ベクトル**(93ページ)

これらの式は,数学や物理のベクトル演算でしばしば使われます.

参考 公式(5)は乗法の**結合法則**,公式(6)と(7)は乗法の加法
に対する**分配法則**と呼ばれます.

3.4 ベクトルの内積

- 2つのベクトル $\vec{a}$ と $\vec{b}$ のなす角が θ であるとき

$$\vec{a}\cdot\vec{b}=|\vec{a}||\vec{b}|\cos\theta \tag{1}$$

この式で表わされるベクトルの積を**内積**といい，$\vec{a}\cdot\vec{b}$ の代りに $(\vec{a},\vec{b})$ と書くこともあります.

- 2つのベクトルが $\vec{a}=\begin{bmatrix}a_x\\a_y\end{bmatrix}$, $\vec{b}=\begin{bmatrix}b_x\\b_y\end{bmatrix}$ であれば

$$\vec{a}\cdot\vec{b}=\begin{bmatrix}a_x\\a_y\end{bmatrix}\begin{bmatrix}b_x\\b_y\end{bmatrix}=a_xb_x+a_yb_y \tag{2}$$

$$\text{とくに } \vec{a}\cdot\vec{a}=a_x{}^2+a_y{}^2=|\vec{a}|^2 \tag{3}$$

- つぎの演算法則などが成立します.

$$\vec{a}\cdot\vec{b}=\vec{b}\cdot\vec{a} \qquad \text{(交換法則)} \tag{4}$$

$$\vec{a}\cdot(\vec{b}+\vec{c})=\vec{a}\cdot\vec{b}+\vec{a}\cdot\vec{c} \qquad \text{(分配法則)} \tag{5}$$

$$(k\vec{a})\cdot\vec{b}=\vec{a}\cdot(k\vec{b})=k(\vec{a}\cdot\vec{b}) \quad \text{(結合法則)} \tag{6}$$

関連する公式

$$\cos\theta=\frac{\vec{a}\cdot\vec{b}}{|\vec{a}||\vec{b}|}=\frac{a_xb_x+a_yb_y}{\sqrt{a_x{}^2+a_y{}^2}\sqrt{b_x{}^2+b_y{}^2}} \tag{7}$$

$$|\vec{a}\pm\vec{b}|^2=(\vec{a}\pm\vec{b})\cdot(\vec{a}\pm\vec{b})$$

$$=|\vec{a}|^2\pm2\vec{a}\cdot\vec{b}+|\vec{b}|^2 \tag{8}$$

$$(\vec{a}+\vec{b})\cdot(\vec{a}-\vec{b})=\vec{a}\cdot\vec{a}-\vec{b}\cdot\vec{b}=|\vec{a}|^2-|\vec{b}|^2 \tag{9}$$

$$(\vec{a}+\vec{b})\cdot(\vec{c}+\vec{d})=\vec{a}\cdot\vec{c}+\vec{a}\cdot\vec{d}+\vec{b}\cdot\vec{c}+\vec{b}\cdot\vec{d} \tag{10}$$

例題1 $\vec{a}\cdot\vec{b}=3$, $|\vec{a}|^2+|\vec{b}|^2=10$ のとき，$|\vec{a}+\vec{b}|$ と $|\vec{a}-\vec{b}|$ の値はいくらでしょうか.

$\boxed{\textbf{答}}$　公式(8)　$|\vec{a}\pm\vec{b}|^2=|\vec{a}|^2\pm2\vec{a}\cdot\vec{b}+|\vec{b}|^2$ をそっくりお借り
します.

$$|\vec{a}+\vec{b}|^2=|\vec{a}|^2+|\vec{b}|^2+2\vec{a}\cdot\vec{b}=10+2\times3=16$$

$$\therefore\ |\vec{a}+\vec{b}|=\sqrt{16}=4$$

$$|\vec{a}-\vec{b}|^2=|\vec{a}|^2+|\vec{b}|^2-2\vec{a}\cdot\vec{b}=10-2\times3=4$$

$$\therefore\ |\vec{a}-\vec{b}|=\sqrt{4}=2$$

$\boxed{\textbf{例題 2}}$　$|\vec{a}|=2,\ |\vec{b}|=3,\ |\vec{a}+\vec{b}|=4$ であるとします. $\vec{a}$ と $\vec{b}$
のなす角度 θ を求めてください. なお, $\cos\theta$ の数表は 259 ページ
にあります.

$\boxed{\textbf{答}}$　また公式(8)のお世話にならなければなりません.

$$2\vec{a}\cdot\vec{b}=|\vec{a}+\vec{b}|^2-|\vec{a}|^2-|\vec{b}|^2$$

$$=4^2-2^2-3^2=3$$

$$\therefore\ \vec{a}\cdot\vec{b}=3/2$$

これらの値を公式(7)に代入します.

$$\cos\theta=\frac{\vec{a}\cdot\vec{b}}{|\vec{a}||\vec{b}|}=\frac{3/2}{2\times3}=\frac{1}{4}$$

数表によって　$\theta\fallingdotseq75.5°$

念のために, 75.5° の角度を保つ 2 cm と 3 cm のベクトル $\vec{a}$ と $\vec{b}$ を
94 ページの図のように加え合わせて見ていただけませんか. ちゃ
んと 4 cm の長さになりますから…….

公式(1)と(2)の関係　　公式(1)と(2)は, いずれも内積の定義み
たいなものですが, それにしても, 右辺どうしは似ても似つかない
形をしています. そこで, この右辺が同じものであることを証明し
ておこうと思います.

まず，95 ページの図を見ていただくまでもなく

$$|\vec{a}|=\sqrt{a_x^2+a_y^2}, \quad |\vec{b}|=\sqrt{b_x^2+b_y^2}$$

ですから，公式(1)のほうは

$$\vec{a}\cdot\vec{b}=\sqrt{a_x^2+a_y^2}\sqrt{b_x^2+b_y^2}$$
$$\times\cos\theta \qquad (11)$$

と書き直すことができます．どういうわけか，教科書などではここまでしか書いていないことがありますが，もっとスマートな表わし方があります．図のように，$\vec{a}$ が x 軸となす角を α，$\vec{b}$ が x 軸となす角を β とすると，「$\theta=\alpha-\beta$」ですから，128 ページの公式(2)を前借りすると

$$\cos\theta=\cos(\alpha-\beta)=\cos\alpha\cos\beta+\sin\alpha\sin\beta$$

$$=\frac{a_x}{\sqrt{a_x^2+a_y^2}}\frac{b_x}{\sqrt{b_x^2+b_y^2}}+\frac{a_y}{\sqrt{a_x^2+a_y^2}}\frac{b_y}{\sqrt{b_x^2+b_y^2}}$$

$$=\frac{a_xb_x+a_yb_y}{\sqrt{a_x^2+a_y^2}\sqrt{b_x^2+b_y^2}}$$

です．この関係を式(11)に代入してみてください．直ちに

$$\vec{a}\cdot\vec{b}=\sqrt{a_x^2+a_y^2}\sqrt{b_x^2+b_y^2}\cdot\frac{a_xb_x+a_yb_y}{\sqrt{a_x^2+a_y^2}\sqrt{b_x^2+b_y^2}}=a_xb_x+a_yb_y$$

となり，公式(1)と(2)が同じものであることが判明します．

ベクトルの内積の意味　　ベクトルに実数 k を掛け合わせると，ベクトルの方向は変わらず，大きさが k 倍のベクトルになることは，前の項でご紹介したとおりです．ふつうの数のかけ算と同じ感覚で理解できるので，それは私たちにとって違和感のないものでした．では，ベクトルどうしを掛け合わせるとどうなるかが，この項

のテーマです.

　ベクトルどうしの掛け算には, 2種類の考え方があります.

　　　ベクトル×ベクトル＝スカラー　　**(内積)**

　　　ベクトル×ベクトル＝ベクトル　　**(外積)**

　私たちがこの項で取り扱ってきた掛け算は, このうちの内積のほうでした. その証拠に, 公式(1)や(2)の右辺は, ベクトルではなくスカラーになっています. この内積が現象的にどのような意味をもっているかは, 物理学で使われる「仕事」の概念と対比してみるのが納得しやすいように思います.

　物理学では, ある物体に力 $\vec{f}$ を加えて $\vec{x}$ だけ移動させたときの仕事の大きさを

　　　仕事 $=|\vec{x}||\vec{f}|\cos\theta$ 　　　　　(12)

と約束しています. 目的の方向から θ だけずれている $\vec{f}$ は, 目的の方向には $|\vec{f}|\cos\theta$ だけしか寄与していないのですから, なし遂げた仕事の大きさが $|\vec{f}|\cos\theta$ に比例するのは当然のことでしょう. そこで, 式(12)をもういちど見ていただくと

　　　仕事 $=|\vec{x}||\vec{f}|\cos\theta=\vec{x}\cdot\vec{f}$ 　　　　　(13)

ですから, 仕事は $\vec{x}$ と $\vec{f}$ の内積そのものなのです. 内積の意味を知っていただくヒントぐらいには, なったでしょうか.

　これに対して**外積**のほうは, 2つのベクトルを掛け合わせた結果が, その2つのベクトルを含む平面に垂直な方向をもつベクトルとして表わされます. 電磁波の挙動などのような自然科学の研究には欠かせないものですが, 細部は省略いたします.

　参　考　　公式(4)は乗法の交換法則, (5)は乗法の加法に対する分配法則, (6)は乗法の結合法則です.

3.5 ベクトルと図形

- 定点 O（たとえば，座標の原点）から点 P へのベクトル $\overrightarrow{OP}$ を，P の位置を表わす目的で使うとき，$\overrightarrow{OP}$ を P の**位置ベクトル**といい，$\vec{p}$ と書き表わします。

- $\overrightarrow{OA}=\vec{a}$，$\overrightarrow{OB}=\vec{b}$ とするとき，線分 AB を $m:n$ に分ける点 P の位置ベクトル $\vec{p}$ は

$$\vec{p}=\frac{n\vec{a}+m\vec{b}}{m+n} \quad \begin{pmatrix} mn>0\text{のとき内分点} \\ mn<0\text{のとき外分点} \end{pmatrix} \tag{1}$$

- 三角形 ABC において，$\overrightarrow{OA}=\vec{a}$，$\overrightarrow{OB}=\vec{b}$，$\overrightarrow{OC}=\vec{c}$ とすると，重心 G の位置ベクトル $\vec{g}$ は

$$\vec{g}=\frac{\vec{a}+\vec{b}+\vec{c}}{3} \tag{2}$$

公式(1)と(2)が成立する理由　まず，例題を兼ねて公式(1)と(2)の由来をご紹介しようと思います。

はじめに，公式(1)のほうです。図のように

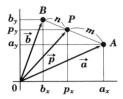

$$p_x=\frac{na_x+mb_x}{m+n}, \quad p_y=\frac{na_y+mb_y}{m+n}$$

ですから

$$\vec{p}=\begin{bmatrix} \dfrac{na_x+mb_x}{m+n} \\ \dfrac{na_y+mb_y}{m+n} \end{bmatrix}=\begin{bmatrix} \dfrac{na_x}{m+n} \\ \dfrac{na_y}{m+n} \end{bmatrix}+\begin{bmatrix} \dfrac{mb_x}{m+n} \\ \dfrac{mb_y}{m+n} \end{bmatrix}$$

$$= \frac{n}{m+n}\vec{a} + \frac{m}{m+n}\vec{b} = \frac{n\vec{a}+m\vec{b}}{m+n} \qquad (1)と同じ$$

というぐあいに公式(1)が誕生しました.

こんどは,公式(2)です.三角形の重心は,図のように,1つの頂点と対辺の中点との間を 2：1 に分ける位置にあります.そこで,A, B, C の位置ベクトルを $\vec{a}$, $\vec{b}$, $\vec{c}$ として重心の位置ベクトル $\vec{g}$ を求めてみましょう. A 点と B 点の中点の位置ベクトルは

$$\frac{\vec{a}+\vec{b}}{2}$$

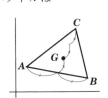

ですから,C 点とこの点の間を 2：1 に分ける点 G の位置ベクトル,つまり,重心の位置ベクトルは

$$\vec{g} = \frac{\vec{c} + 2\dfrac{\vec{a}+\vec{b}}{2}}{3} = \frac{\vec{a}+\vec{b}+\vec{c}}{3} \qquad (2)と同じ$$

です.なんとも鮮やかではありませんか.

例題 1 四角形 ABCD があります.この四角形で,つぎの 7 つの点がすべて一致することを証明してください.

①辺 AB の中点
と辺 CD の中点を
結ぶ線分の中点

②辺 BC の中点
と辺 DA の中点を
結ぶ線分の中点

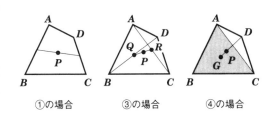

①の場合   ③の場合   ④の場合

③対角線 AC と対角線 BD の中点を結ぶ線分の中点

④ △ABC の重心と頂点 D とを結ぶ線分を 1：3 に分ける点

⑤ △BCD の重心と頂点 A とを結ぶ線分を 1：3 に分ける点

⑥ △CDA の重心と頂点 B とを結ぶ線分を 1：3 に分ける点

⑦ △DAB の重心と頂点 C とを結ぶ線分を 1：3 に分ける点

答 紙面の都合で, 代表として①と③と④とを求めてみます.

②は①と同様に, また, ⑤, ⑥, ⑦は④と同様に求められますから.

①辺 AB の中点と辺 CD の中点を結ぶ線分の中点

$$AB \text{ の中点は } \quad \frac{\vec{a}+\vec{b}}{2}$$

$$CD \text{ の中点は } \quad \frac{\vec{c}+\vec{d}}{2}$$

したがって, $\quad \vec{p} = \dfrac{\dfrac{\vec{a}+\vec{b}}{2}+\dfrac{\vec{c}+\vec{d}}{2}}{2} = \dfrac{\vec{a}+\vec{b}+\vec{c}+\vec{d}}{4}$

③対角線 AC と対角線 BD の中点を結ぶ線分の中点

$$AC \text{ の中点は } \quad \vec{r} = \frac{\vec{a}+\vec{c}}{2}$$

$$BD \text{ の中点は } \quad \vec{q} = \frac{\vec{b}+\vec{d}}{2}$$

したがって $\quad \vec{p} = \dfrac{\dfrac{\vec{a}+\vec{c}}{2}+\dfrac{\vec{b}+\vec{d}}{2}}{2} = \dfrac{\vec{a}+\vec{b}+\vec{c}+\vec{d}}{4}$

となって, ①の場合と同じです.

④ △ABC の重心と頂点 D とを結ぶ線分を 1：3 に分ける点

$$△ABC \text{ の重心は } \quad \vec{g} = \frac{\vec{a}+\vec{b}+\vec{c}}{3}$$

この点と D の間を 1：3 に分ける点は

$$\vec{p} = \frac{3\dfrac{\vec{a}+\vec{b}+\vec{c}}{3}+\vec{d}}{4} = \frac{\vec{a}+\vec{b}+\vec{c}+\vec{d}}{4}$$

であり，①や③の場合と同じです．

関連する公式　　$\triangle ABC$ において，$\overrightarrow{AB}=\vec{b}$，$\overrightarrow{AC}=\vec{c}$，$\angle A=\theta$ とし，また，$\vec{b}=(b_x, b_y)$，$\vec{c}=(c_x, c_y)$ とすると，$\triangle ABC$ の面積 A_0 は

$$A_0=\frac{1}{2}|\vec{b}||\vec{c}|\sin\theta \tag{3}$$

$$=\frac{1}{2}\sqrt{|\vec{b}|^2|\vec{c}|^2-(\vec{b}\cdot\vec{c})^2} \tag{4}$$

$$=\frac{1}{2}|b_xc_y-b_yc_x| \tag{5}$$

例題 2　　$A(3,3)$，$B(1,2)$，$C(4,0)$ を頂点とする $\triangle ABC$ の面積はいくらでしょうか．

答　　$\overrightarrow{AB}=\vec{b}=(b_x, b_y)=(1-3, 2-3)=(-2, -1)$

$\overrightarrow{AC}=\vec{c}=(c_x, c_y)=(4-3, 0-3)=(1, -3)$

これらの値を公式(5)に代入すると

$$A=\frac{1}{2}|(-2)\times(-3)-(-1)\times1|=\frac{7}{2}$$

参考　　少し専門的になりますが，$\vec{a}$ と $\vec{b}$ がともに $\vec{0}$ でもなく平行でもないとき，$\vec{a}$ と $\vec{b}$ は 1 次独立であるといい

$m\vec{a}+n\vec{b}=\vec{0}$ なら $m=n=0$ で逆も真

$m\vec{a}+n\vec{b}=m'\vec{a}+n'\vec{b}$ なら $m=m'$，$n=n'$ で逆も真

です．これが位置ベクトルが数と同じように演算できることの基礎になっています．

$$\vec{p}-\vec{a}=t(\vec{b}-\vec{a})$$

故に $\quad\quad \vec{p}=(1-t)\vec{a}+t\vec{b} \quad\quad\quad$ (2)と同じ

公式(3)は，図を見ていただくだけで，「ナットク！」でしょう．

例題 1 点 $A(-1,3)$ と点 $B(2,1)$ を通る直線のベクトル方程式を求めてください．

答 公式(2)によって

$$\vec{p}=(1-t)\vec{a}+t\vec{b}$$

$$=(1-t)\begin{bmatrix}-1\\3\end{bmatrix}+t\begin{bmatrix}2\\1\end{bmatrix}=\begin{bmatrix}-1+t\\3-3t\end{bmatrix}+\begin{bmatrix}2t\\t\end{bmatrix}=\begin{bmatrix}-1+3t\\3-2t\end{bmatrix}$$

検算してみると，この直線は $t=0$ で点 A を通り，$t=1$ で，点 B を通ることがわかります．

例題 2 点 $A(1,4)$ と点 $B(3,0)$ を直径とする円のベクトル方程式を求めてみましょう．

答 まず，円の中心 C の位置ベクトル $\vec{c}$ は

$$\vec{c}=\frac{\vec{a}+\vec{b}}{2}=\frac{1}{2}\left\{\begin{bmatrix}1\\4\end{bmatrix}+\begin{bmatrix}3\\0\end{bmatrix}\right\}=\frac{1}{2}\begin{bmatrix}4\\4\end{bmatrix}=\begin{bmatrix}2\\2\end{bmatrix}$$

円の半径 r は

$$r=|\vec{a}-\vec{c}|=\left|\begin{bmatrix}1\\4\end{bmatrix}-\begin{bmatrix}2\\2\end{bmatrix}\right|=\sqrt{(-1)^2+2^2}=\sqrt{5}$$

したがって，円のベクトル方程式は $\left|\vec{p}-\begin{bmatrix}2\\2\end{bmatrix}\right|=\sqrt{5}$ です．

ここで，$\vec{p}$ を $\begin{bmatrix}x\\y\end{bmatrix}$ と書けば $\begin{bmatrix}x-2\\y-2\end{bmatrix}=\sqrt{5}$ ですから

$$(x-2)^2+(y-2)^2=5$$

と表わすこともできます．

3.7 行列の表わし方

- 実数を長方形に並べ

$$\begin{bmatrix} a_{11} & a_{12} & a_{13} \\ a_{21} & a_{22} & a_{23} \end{bmatrix} \quad \text{または} \quad \begin{pmatrix} a_{11} & a_{12} & a_{13} \\ a_{21} & a_{22} & a_{23} \end{pmatrix}$$

のようにカッコでくくったものが**行列**(matrix)です.

- 行列の横方向の並びを**行**(row),縦方向の並びを**列**(column)といいます.前記の例は2行3列の行列で,これを2×3行列と呼ぶのがふつうです.

- 行と列の数が等しい行列を**正方行列**と呼びます.

- 行列を作る個々の実数を行列の**要素**(element)といいます.

- 2つの行列があって,行の数どうしと列の数どうしが等しいとき,2つの行列は**同じ型**であるといいます.

- 同じ型の2つの行列 A と B について,対応する要素がそれぞれ等しいとき,行列 A と B とは等しいといい

$$A = B$$

と書きます.

補 足 (1) ベクトルは,たった1列だけの,あるいは,たった1行だけの行列と考えることができます.

(2) すべての要素が0であるような行列を**零行列**といい,O で表わすのがふつうです.

(3) $\begin{bmatrix} 1 & 0 \\ 0 & 1 \end{bmatrix}$, $\begin{bmatrix} 1 & 0 & 0 \\ 0 & 1 & 0 \\ 0 & 0 & 1 \end{bmatrix}$ のように,左上から右下への対角線上に並

んだ要素だけが1で，他の成分が0であるような行列を**単位行列**と
いい，E または I で表わすのがふつうです．

（4）　行列は，たくさんの値をまとめて処理するときにこそ威力を
発揮するのですが，ここでは，紙面を節約するため，2×2か2×3の
行列を例示することにします．

$\boxed{\textbf{例　題}}$　$\begin{bmatrix} x+y & 4 \\ 0 & x-y \end{bmatrix} = \begin{bmatrix} 5 & 4 \\ 0 & -1 \end{bmatrix}$ であるとき，x と y の値を求めて
ください．

$\boxed{\textbf{答}}$　$\left.\begin{array}{l} x+y=5 \\ x-y=-1 \end{array}\right\}$　したがって　$\begin{cases} x=2 \\ y=3 \end{cases}$

参　考　行列と似た用語に**待ち行列**(queue)がありますが，こ
の2つはまったく別物です．queue（キュー）のほうは，文字どおり順番待ち
のために並ぶ行列のことで，オペレーションズリサーチの研究対象
のひとつです．時として単に行列と呼ばれることもあるので，混同
しないように注意が必要です．

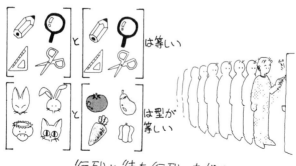

行列と待ち行列のちがい

3.8 行 列 の 計 算

A, B, C を行列, O を零行列, E を単位行列, k を実数とします.

行列の和と差

$$\begin{bmatrix} a_{11} & a_{12} \\ a_{21} & a_{22} \end{bmatrix} \pm \begin{bmatrix} b_{11} & b_{12} \\ b_{21} & b_{22} \end{bmatrix} = \begin{bmatrix} a_{11} \pm b_{11} & a_{12} \pm b_{12} \\ a_{21} \pm b_{21} & a_{22} \pm b_{22} \end{bmatrix} \tag{1}$$

$$A + O = O + A = A \tag{2}$$

行列の実数倍

$$k \begin{bmatrix} a_{11} & a_{12} \\ a_{21} & a_{22} \end{bmatrix} = \begin{bmatrix} ka_{11} & ka_{12} \\ ka_{21} & ka_{22} \end{bmatrix} \tag{3}$$

行列の積

$$\begin{bmatrix} a_{11} & a_{12} \\ a_{21} & a_{22} \end{bmatrix} \begin{bmatrix} b_{11} & b_{12} \\ b_{21} & b_{22} \end{bmatrix} = \begin{bmatrix} a_{11}b_{11} + a_{12}b_{21} & a_{11}b_{12} + a_{12}b_{22} \\ a_{21}b_{11} + a_{22}b_{21} & a_{21}b_{12} + a_{22}b_{22} \end{bmatrix}$$

$$\tag{4}$$

$$AO = OA = O \tag{5}$$

$$AE = EA = A \tag{6}$$

演算法則

$$A + B = B + A \quad \text{(交換法則)} \tag{7}$$

$$\left. \begin{array}{l} A + (B + C) = (A + B) + C \\ A(B \times C) = (A \times B)C \end{array} \right\} \quad \text{(結合法則)} \begin{array}{l} \tag{8} \\ \tag{9} \end{array}$$

$$\left. \begin{array}{l} A(B + C) = A \times B + A \times C \\ (A + B)C = A \times C + B \times C \end{array} \right\} \quad \text{(分配法則)} \begin{array}{l} \tag{10} \\ \tag{11} \end{array}$$

補 足 (1) 乗法についての交換法則は成り立ちません. つま

り，一般には $AB \neq BA$ ですから，注意してください.

(2)　たし算やひき算ができるのは，2つの行列が同じ型の場合です.

(3)　かけ算 $A \times B$ ができるのは，A の列の数と B の行の数が等しい場合です．一般に

　　　h 行 i 列の行列 $\times i$ 行 j 列の行列 ＝ h 行 j 列の行列

となります.

(4)　ベクトルどうしのかけ算には，内積(スカラー)と外積(ベクトル)の2種類がありましたが，行列どうしのかけ算は1種類しかありません.

例題 1　$A = \begin{bmatrix} 2 & -1 \\ 3 & 4 \end{bmatrix}$，$B = \begin{bmatrix} 0 & 2 \\ 1 & -3 \end{bmatrix}$ であるとき $2A + 3B$ を計算してください.

答　$2A + 3B = \begin{bmatrix} 2\times2 & 2\times(-1) \\ 2\times3 & 2\times4 \end{bmatrix} + \begin{bmatrix} 3\times0 & 3\times2 \\ 3\times1 & 3\times(-3) \end{bmatrix}$

$\qquad = \begin{bmatrix} 4 & -2 \\ 6 & 8 \end{bmatrix} + \begin{bmatrix} 0 & 6 \\ 3 & -9 \end{bmatrix} = \begin{bmatrix} 4 & 4 \\ 9 & -1 \end{bmatrix}$

例題 2　単位行列 E を掛けても行列が変わらないことを，2×2 行列を例にとって実証してください.

答　$\begin{bmatrix} a & b \\ c & d \end{bmatrix}\begin{bmatrix} 1 & 0 \\ 0 & 1 \end{bmatrix} = \begin{bmatrix} a\times1+b\times0 & a\times0+b\times1 \\ c\times1+d\times0 & c\times0+d\times1 \end{bmatrix} = \begin{bmatrix} a & b \\ c & d \end{bmatrix}$

例題 3　$A = \begin{bmatrix} 1 & 2 & 3 \\ 4 & 5 & 6 \end{bmatrix}$，$B = \begin{bmatrix} 7 & 8 \\ 9 & 10 \\ 11 & 12 \end{bmatrix}$ のとき $A \times B$ と $B \times A$ を計算

していただきましょう.

答 $A \times B = \begin{bmatrix} 1 & 2 & 3 \\ 4 & 5 & 6 \end{bmatrix} \begin{bmatrix} 7 & 8 \\ 9 & 10 \\ 11 & 12 \end{bmatrix}$

$$= \begin{bmatrix} 1 \times 7 + 2 \times 9 + 3 \times 11 & 1 \times 8 + 2 \times 10 + 3 \times 12 \\ 4 \times 7 + 5 \times 9 + 6 \times 11 & 4 \times 8 + 5 \times 10 + 6 \times 12 \end{bmatrix}$$

$$= \begin{bmatrix} 58 & 64 \\ 139 & 154 \end{bmatrix}$$

$$B \times A = \begin{bmatrix} 7 & 8 \\ 9 & 10 \\ 11 & 12 \end{bmatrix} \begin{bmatrix} 1 & 2 & 3 \\ 4 & 5 & 6 \end{bmatrix}$$

$$= \begin{bmatrix} 7 \times 1 + 8 \times 4 & 7 \times 2 + 8 \times 5 & 7 \times 3 + 8 \times 6 \\ 9 \times 1 + 10 \times 4 & 9 \times 2 + 10 \times 5 & 9 \times 3 + 10 \times 6 \\ 11 \times 1 + 12 \times 4 & 11 \times 2 + 12 \times 5 & 11 \times 3 + 12 \times 6 \end{bmatrix}$$

$$= \begin{bmatrix} 39 & 54 & 69 \\ 49 & 68 & 87 \\ 59 & 82 & 105 \end{bmatrix}$$

ごらんのように，$A \times B$ と $B \times A$ はまるで異なります．また，2
行 3 列の行列に 3 行 2 列の行列を掛けると 2 行 2 列になり，3 行 2
列に 2 行 3 列を掛けると 3 行 3 列の行列が現われます．

関連する公式　　A, B が行列であるとき

$$(A+B)^2 = A^2 + AB + BA + B^2 \tag{12}$$

$$(A+B)(A-B) = A^2 - AB + BA - B^2 \tag{13}$$

$$A^m A^n = A^{m+n} \tag{14}$$

$$(A^m)^n = A^{mn} \tag{15}$$

参　考　　行列のたし算やかけ算の意味を，現象的に考えてみよ

うと思います．まず，坂本君と丸君とが2軒の居酒屋をはしごして
右表のように飲み食いしたとしま
しょう．2軒ぶんの合計が

$$\begin{bmatrix} 3 & 2 \\ 4 & 7 \end{bmatrix} + \begin{bmatrix} 2 & 1 \\ 3 & 3 \end{bmatrix} = \begin{bmatrix} 5 & 3 \\ 7 & 10 \end{bmatrix}$$

	1軒め		2軒め	
	坂	丸	坂	丸
ビール	3	2	2	1
やきとり	4	7	3	3

として算出できることに異存はな
いでしょう．ふつうのたし算をまとめて面倒みているのが，行列の
たし算であることがわかります．

　つぎに，ビール1本の値段が400円，やきとり1本の値段が150
円として，値段ベクトルを $[400, 150]$ としましょう．なぜ，数字を
横に並べたかというと，値段に個数を
かけて金額を求めるときには，右表の
ように，個数を縦に並べるなら，値段
は横に並べるのがふつうだからです．
では，「値段×個数＝金額」の真似をし

値段　個数	400	150
1	400	150
2	800	300
3	1200	450

て，値段ベクトルと飲食行列をかけ合わせてみてください．

$$[400 \ \ 150]\begin{bmatrix} 5 & 3 \\ 7 & 10 \end{bmatrix} = [400 \times 5 + 150 \times 7 \ \ \ \ 400 \times 3 + 150 \times 10]$$

$$= [3050 \ \ 2700]$$

となり，これが坂本君と丸君の支払い金額を示していることは明ら
かです．

　また，坂本君と丸君とが2軒をはしごしたとき，飲食行列は2軒
とも同じ，値段は1軒目が $[400 \ \ \ 150]$，2軒めが $[300 \ \ \ 120]$ として

$$\begin{bmatrix} 400 & 150 \\ 300 & 120 \end{bmatrix}\begin{bmatrix} 5 & 1 \\ 2 & 6 \end{bmatrix} = \begin{bmatrix} 2300 & 1300 \\ 1740 & 1020 \end{bmatrix}$$

が，なにを物語っているか考えてみていただきたいと思います．

3.9 逆 行 列

定義 正方行列 A について，$AX=XA=E$（単位行列）となる
ような X を A の**逆行列**といい，A^{-1} と書きます．すなわ
ち

$$AA^{-1}=A^{-1}A=E \tag{1}$$

です．

2×2 行列 $A=\begin{bmatrix} a & b \\ c & d \end{bmatrix}$ についていえば，$ad-bc \neq 0$ のときの
み A の逆行列が存在し

$$A^{-1}=\frac{1}{ad-bc}\begin{bmatrix} d & -b \\ -c & a \end{bmatrix} \tag{2}$$

で表わされます．

逆行列の性質

$$(A^{-1})^{-1}=A \tag{3}$$

$$(AB)^{-1}=B^{-1}A^{-1} \tag{4}$$

$$AX=B \quad \text{のとき} \quad X=A^{-1}B \tag{5}$$

$$YA=B \quad \text{のとき} \quad Y=BA^{-1} \tag{6}$$

逆行列と連立 1 次方程式

連立 1 次方程式 $\begin{cases} ax+by=p \\ cx+dy=q \end{cases}$ の解は

$$\begin{bmatrix} x \\ y \end{bmatrix}=\frac{1}{ad-bc}\begin{bmatrix} d & -b \\ -c & a \end{bmatrix}\begin{bmatrix} p \\ q \end{bmatrix} \tag{7}$$

で表わされます．

例題 1　$A=\begin{bmatrix} 2 & 3 \\ 1 & 2 \end{bmatrix}$ として A^{-1} を求めてください.

答　　公式(2)によって

$$A^{-1}=\frac{1}{2\times2-3\times1}\begin{bmatrix} 2 & -3 \\ -1 & 2 \end{bmatrix}=\begin{bmatrix} 2 & -3 \\ -1 & 2 \end{bmatrix}$$

$AA^{-1}=E$ となるかどうか検算してみましょう.

$$AA^{-1}=\begin{bmatrix} 2 & 3 \\ 1 & 2 \end{bmatrix}\begin{bmatrix} 2 & -3 \\ -1 & 2 \end{bmatrix}=\begin{bmatrix} 2\times2-3\times1 & -3\times2+3\times2 \\ 1\times2-2\times1 & -3\times1+2\times2 \end{bmatrix}$$

$$=\begin{bmatrix} 1 & 0 \\ 0 & 1 \end{bmatrix}$$　となり，ちゃんと合っています.

例題 2　$A=\begin{bmatrix} 2 & 3 \\ 1 & 2 \end{bmatrix}$, $B=\begin{bmatrix} 1 & 4 \\ 0 & 2 \end{bmatrix}$ を題材にして $AX=B$ の X と, $YA=B$ の Y とが, まったくの別物であることを実証してください.

答　　A^{-1} は例題 1 で求めてありますから, それを借用して, さっそく公式(5)と(6)によって X と Y を計算していきます.

$$X=A^{-1}B=\begin{bmatrix} 2 & -3 \\ -1 & 2 \end{bmatrix}\begin{bmatrix} 1 & 4 \\ 0 & 2 \end{bmatrix}\overset{(\text{途中は省略})}{=}\begin{bmatrix} 2 & 2 \\ -1 & 0 \end{bmatrix}$$

$$Y=BA^{-1}=\begin{bmatrix} 1 & 4 \\ 0 & 2 \end{bmatrix}\begin{bmatrix} 2 & -3 \\ -1 & 2 \end{bmatrix}\overset{(\text{途中は省略})}{=}\begin{bmatrix} -2 & 5 \\ -2 & 4 \end{bmatrix}$$

というわけで, 行列はかけ合わせる順序によって結果が異なります. 110 ページの, 補足(1)にご紹介したように, です.

公式(7)が成り立つ理由

連立 1 次方程式 $\begin{cases} ax+by=p \\ cx+dy=q \end{cases}$ は

116

$$A = \begin{bmatrix} a & b \\ c & d \end{bmatrix}, \quad X = \begin{bmatrix} x \\ y \end{bmatrix}, \quad B = \begin{bmatrix} p \\ q \end{bmatrix} \quad \text{とすれば}$$

$$\begin{bmatrix} a & b \\ c & d \end{bmatrix}\begin{bmatrix} x \\ y \end{bmatrix} = \begin{bmatrix} p \\ q \end{bmatrix} \quad \text{すなわち} \quad AX = B \quad \text{と書けます.}$$

A^{-1} が存在すれば，この連立方程式の解は

$$X = A^{-1}B$$

$$\text{すなわち} \quad \begin{bmatrix} x \\ y \end{bmatrix} = \frac{1}{ad-bc}\begin{bmatrix} d & -b \\ -c & a \end{bmatrix}\begin{bmatrix} p \\ q \end{bmatrix} \qquad \text{(7)と同じ}$$

で表わすことができます.

例題3 連立方程式 $\begin{cases} 2x+3y=4 \\ 4x+7y=6 \end{cases}$

を公式(7)を利用して解いてください.

答 いきなり，公式(7)に数値を入れます.

$$\begin{bmatrix} x \\ y \end{bmatrix} = \frac{1}{2\times7-3\times4}\begin{bmatrix} 7 & -3 \\ -4 & 2 \end{bmatrix}\begin{bmatrix} 4 \\ 6 \end{bmatrix}$$

$$= \frac{1}{2}\begin{bmatrix} 28-18 \\ -16+12 \end{bmatrix} = \frac{1}{2}\begin{bmatrix} 10 \\ -4 \end{bmatrix} = \begin{bmatrix} 5 \\ -2 \end{bmatrix}$$

したがって $x=5, \quad y=-2$

関連する公式 $A = \begin{bmatrix} a & b \\ c & d \end{bmatrix}$ のとき

$$A^2-(a+d)A+(ad-bc)E=0 \qquad (8)$$

これを，**ケーリー・ハミルトンの定理**または**ハミルトン・ケーリーの定理**といいます. この公式は

$$A^2=(a+d)A-(ad-bc)E \qquad (9)$$

と変形して A の整式に代入し，A の整式を $uA+vE$ の形に直すために用いられることが多いのですが，つぎのような場合にも役に立ちます．

例題 4　零行列でない行列 $A=\begin{bmatrix} a & b \\ c & d \end{bmatrix}$ が $A^3+A=O$ を満たせば，A の逆行列が存在し，$A^{-1}=-A$ となることを証明してください．

答　やや高度な問題ですが，挑戦してみましょう．公式(8)において，$a+d=p$，$ad-bc=q$ とおけば

$$A^2-pA+qE=O$$

いま，A が逆行列をもたないと仮定すると，公式(2)の前提によって $q=0$ であり，それなら $A^2=pA$ なので $A=p$ となり

$$A^3+A=A(p^2+1)=O$$

これは，$A=O$ であることを意味し，題意に反します．したがって，A は逆行列をもたないという仮定が間違っていると断言できます．

つぎに，$A^3+A=O$ の両辺に A^{-1} をかけてみてください．

$$A^{-1}(A^3+A)=A^{-1}AA^2+A^{-1}A=A^2+E=O$$

このように，$A^2=-E$ なので，この両辺に A^{-1} をかけます．

$$A^{-1}AA=-EA^{-1} \quad \therefore \quad EA=-EA^{-1}$$

したがって，$A^{-1}=-A$ が証明されました．

参考　$X=\begin{bmatrix} x \\ y \end{bmatrix}$ が $B=\begin{bmatrix} p \\ q \end{bmatrix}$ へ移動するためのルールが $\begin{bmatrix} p \\ q \end{bmatrix}=\begin{bmatrix} a & b \\ c & d \end{bmatrix}\begin{bmatrix} x \\ y \end{bmatrix}$ で表わされるとき，この移動を**一次変換**といいます．

3.10 行　列　式

行列式の表わし方

実数を正方形に並べ $\begin{vmatrix} a_1 & a_2 \\ b_1 & b_2 \end{vmatrix}$ のように縦線でくくった

ものを**行列式**(determinant)といいます. 行列式は,

$$\begin{vmatrix} a_1 & a_2 \\ b_1 & b_2 \end{vmatrix} = a_1 b_2 - a_2 b_1 \text{のように, 1つの値です.} \quad (1)$$

小行列　行列式は, ある行, またはある列を主軸にして

$$\begin{vmatrix} a_1 & a_2 & a_3 \\ b_1 & b_2 & b_3 \\ c_1 & c_2 & c_3 \end{vmatrix} = a_1 \begin{vmatrix} b_2 & b_3 \\ c_2 & c_3 \end{vmatrix} - a_2 \begin{vmatrix} b_1 & b_3 \\ c_1 & c_3 \end{vmatrix} + a_3 \begin{vmatrix} b_1 & b_2 \\ c_1 & c_2 \end{vmatrix} \quad (2)$$

$$= -b_1 \begin{vmatrix} a_2 & a_3 \\ c_2 & c_3 \end{vmatrix} + b_2 \begin{vmatrix} a_1 & a_3 \\ c_1 & c_3 \end{vmatrix} - b_3 \begin{vmatrix} a_1 & a_2 \\ c_1 & c_2 \end{vmatrix} \quad (3)$$

$$= a_3 \begin{vmatrix} b_1 & b_2 \\ c_1 & c_2 \end{vmatrix} - b_3 \begin{vmatrix} a_1 & a_2 \\ c_1 & c_2 \end{vmatrix} + c_3 \begin{vmatrix} a_1 & a_2 \\ b_1 & b_2 \end{vmatrix} \quad (4)$$

などのような小さな行列に分解することができ, これ
を**小行列**といいます. 行の数が多い行列式の値は, こ
の性質を利用して計算します.

行列式の性質

- $\begin{vmatrix} a & 0 \\ b & 0 \end{vmatrix}$ のように, 1つの行(または列)の要素がぜんぶ0なら,

行列式の値は0です. (5)

- $\begin{vmatrix} a_1 & a_2 & a_3 \\ a_1 & a_2 & a_3 \\ c_1 & c_2 & c_3 \end{vmatrix}$ のように, 2つの行(または列)がそっくり同じな

ら, 行列式の値は0です. (6)

- $\begin{vmatrix} a_1 & a_2 & ka_2 \\ b_1 & b_2 & kb_2 \\ c_1 & c_2 & kc_2 \end{vmatrix}$ のように，2つの行（または列）の要素がそっく

  り比例しているなら，行列式の値は 0 です．　　(7)

- 1つの行（または列）の要素を k 倍すると，行列式の値は k

  倍になります．$k\begin{vmatrix} a_1 & a_2 \\ b_1 & b_2 \end{vmatrix} = \begin{vmatrix} ka_1 & a_2 \\ kb_1 & b_2 \end{vmatrix} = \begin{vmatrix} ka_1 & ka_2 \\ b_1 & b_2 \end{vmatrix}$　　(8)

- ある行（または列）を他の行（または列）と交換すると，符号が

  反対になります．$\begin{vmatrix} a_1 & a_2 \\ b_1 & b_2 \end{vmatrix} = -\begin{vmatrix} b_1 & b_2 \\ a_1 & a_2 \end{vmatrix}$　　(9)

- ある行（または列）に他の行（または列）の対応する要素の k 倍
  を加えても引いても，行列式の値は変わりません．たとえば

$$\begin{vmatrix} a_1 & a_2 \\ b_1 & b_2 \end{vmatrix} = \begin{vmatrix} a_1 + ka_2 & a_2 \\ b_1 + kb_2 & b_2 \end{vmatrix} \qquad (10)$$

- 行と列をそっくり入れ換えても行列式の値は変わりませ
  ん．行と列を入れ換えた行列式は，元の行列式に対して転
  置行列式と呼ばれます．

$$\begin{vmatrix} a_1 & a_2 \\ b_1 & b_2 \end{vmatrix} = \begin{vmatrix} a_1 & b_1 \\ a_2 & b_2 \end{vmatrix} \qquad (11)$$

- ある行（または列）のすべての要素が2つの値の和であれば，
  行列式は2つに分解できます．たとえば，

$$\begin{vmatrix} a_1 + a_1' & a_2 + a_2' \\ b_1 & b_2 \end{vmatrix} = \begin{vmatrix} a_1 & a_2 \\ b_1 & b_2 \end{vmatrix} + \begin{vmatrix} a_1' & a_2' \\ b_1 & b_2 \end{vmatrix} \qquad (12)$$

行列式の計算

　　行列式は1つの実数ですから，実数どうしの演算法則
が使えます．ただし，行列式どうしのかけ算は，行列

どうしのかけ算と同様に計算しても差し支えありません.

$$\begin{vmatrix} a_1 & a_2 \\ b_1 & b_2 \end{vmatrix} \times \begin{vmatrix} c_1 & c_2 \\ d_1 & d_2 \end{vmatrix} = \begin{vmatrix} a_1c_1+a_2d_1 & a_1c_2+a_2d_2 \\ b_1c_1+b_2d_1 & b_1c_2+b_2d_2 \end{vmatrix} \tag{13}$$

連立 1 次方程式

$$\left. \begin{cases} a_1x+b_1y+c_1z=d_1 \\ a_2x+b_2y+c_2z=d_2 \\ a_3x+b_3y+c_3z=d_3 \end{cases} \right\} \text{ の解は}$$

$$x=\frac{1}{\Delta}\begin{vmatrix} d_1 & b_1 & c_1 \\ d_2 & b_2 & c_2 \\ d_3 & b_3 & c_3 \end{vmatrix}, \quad y=\frac{1}{\Delta}\begin{vmatrix} a_1 & d_1 & c_1 \\ a_2 & d_2 & c_2 \\ a_3 & d_3 & c_3 \end{vmatrix},$$

$$z=\frac{1}{\Delta}\begin{vmatrix} a_1 & b_1 & d_1 \\ a_2 & b_2 & d_2 \\ a_3 & b_3 & d_3 \end{vmatrix} \tag{14}$$

$$\text{ここで} \quad \Delta=\begin{vmatrix} a_1 & b_1 & c_1 \\ a_2 & b_2 & c_2 \\ a_3 & b_3 & c_3 \end{vmatrix} \tag{15}$$

補　足　(1) 行列が縦横に配置された数値のグループであるのに対して，行列式は 1 つの値です．

(2) 紙面を節約するために，2×2 や 3×3 の行列式だけを例示してありますが，前記のルールはもっと大きな行列式にも使えます．

(3) 行列 A と同じ数値の配列をもつ行列式を $|A|$ で表わすなどすると，$|A||B|=|B||A|$，$|E|=1$，$|A||A^{-1}|=1$，$|A^{-1}|=\frac{1}{|A|}$，$|A|=\frac{1}{|A^{-1}|}$ などのように，ふつうの数と同じルールが成り立ちます．なにしろ，行列式は 1 つの値にすぎないのですから．

例題 1　$\begin{vmatrix} 2 & 3 & 4 \\ 5 & 6 & 7 \\ 8 & 9 & 10 \end{vmatrix}$ の値を計算してください.

答　$\begin{vmatrix} 2 & 3 & 4 \\ 5 & 6 & 7 \\ 8 & 9 & 10 \end{vmatrix} \overset{(2)}{=} 2\begin{vmatrix} 6 & 7 \\ 9 & 10 \end{vmatrix} - 3\begin{vmatrix} 5 & 7 \\ 8 & 10 \end{vmatrix} + 4\begin{vmatrix} 5 & 6 \\ 8 & 9 \end{vmatrix}$

$$\overset{(1)}{=} 2(60-63) - 3(50-56) + 4(45-48) = 0$$

ここで, ＝ の上に付いている番号は適用した公式の番号です.

この例題を公式(12)と(6)を使って計算してみましょう.

$$\begin{vmatrix} 2 & 3 & 4 \\ 5 & 6 & 7 \\ 8 & 9 & 10 \end{vmatrix} = \begin{vmatrix} 2 & 3 & 4 \\ 5 & 6 & 7 \\ 5+3 & 6+3 & 7+3 \end{vmatrix} \overset{(12)}{=} \begin{vmatrix} 2 & 3 & 4 \\ 5 & 6 & 7 \\ 5 & 6 & 7 \end{vmatrix} + \begin{vmatrix} 2 & 3 & 4 \\ 5 & 6 & 7 \\ 3 & 3 & 3 \end{vmatrix}$$

$$\overset{(6)}{=} \begin{vmatrix} 2 & 3 & 4 \\ 5 & 6 & 7 \\ 3 & 3 & 3 \end{vmatrix} = \begin{vmatrix} 2 & 3 & 4 \\ 2+3 & 3+3 & 4+3 \\ 3 & 3 & 3 \end{vmatrix}$$

$$\overset{(12)}{=} \begin{vmatrix} 2 & 3 & 4 \\ 2 & 3 & 4 \\ 3 & 3 & 3 \end{vmatrix} + \begin{vmatrix} 2 & 3 & 4 \\ 3 & 3 & 3 \\ 3 & 3 & 3 \end{vmatrix} \overset{(6)}{=} 0$$

例題 2　「つ̇る̇とか̇め̇とと̇ん̇ぼ̇が合わせて 10 匹いる. 足の数の合計は 38 本で羽根の合計は 14 枚であるとき, つ̇る̇とか̇め̇とと̇ん̇ぼ̇はそれぞれなん匹か」という, 世にもばかばかしい問題を解いてください. なお, つ̇る̇の羽根は 2 枚とかぞえ, と̇ん̇ぼ̇の羽根は 4 枚, 足は 6 本ですから, 念のため…….

答　つ̇る̇の数を x, か̇め̇の数を y, と̇ん̇ぼ̇の数を z として

$$\begin{cases} x+ y+ z=10 \\ 2x+4y+6z=38 \\ 2x \quad\ +4z=14 \end{cases}$$

を解けばよさそうです. 公式(15)を使いましょう. まず, Δ は

$$\Delta = \begin{vmatrix} 1 & 1 & 1 \\ 2 & 4 & 6 \\ 2 & 0 & 4 \end{vmatrix} \overset{(途中省略)}{=} 12$$

です. そうすると

$$x = \frac{1}{12}\begin{vmatrix} 10 & 1 & 1 \\ 38 & 4 & 6 \\ 14 & 0 & 4 \end{vmatrix} = \frac{10}{12}\begin{vmatrix} 4 & 6 \\ 0 & 4 \end{vmatrix} - \frac{38}{12}\begin{vmatrix} 1 & 1 \\ 0 & 4 \end{vmatrix} + \frac{14}{12}\begin{vmatrix} 1 & 1 \\ 4 & 6 \end{vmatrix}$$

$$= \frac{10}{12}(16-0) - \frac{38}{12}(4-0) + \frac{14}{12}(6-4) = \frac{36}{12} = 3$$

$$y = \frac{1}{12}\begin{vmatrix} 1 & 10 & 1 \\ 2 & 38 & 6 \\ 2 & 14 & 4 \end{vmatrix} \overset{(途中省略)}{=} 5$$

$$z = \frac{1}{12}\begin{vmatrix} 1 & 1 & 10 \\ 2 & 4 & 38 \\ 2 & 0 & 14 \end{vmatrix} \overset{(途中省略)}{=} 2$$

となり, めでたくつ́るとか́めととん́ぼの数が求まりました.

公式(15)で連立方程式が解ける理由

114 ページの公式(7)によって $\begin{cases} a_1x + b_1y = c_1 \\ a_2x + b_2y = c_2 \end{cases}$ の解は

$$a_1b_2 - a_2b_1 = \begin{vmatrix} a_1 & b_1 \\ a_2 & b_2 \end{vmatrix} = \Delta \text{ と書けば}$$

$$\begin{bmatrix} x \\ y \end{bmatrix} = \frac{1}{a_1 b_2 - a_2 b_1} \begin{bmatrix} b_2 & -b_1 \\ -a_2 & a_1 \end{bmatrix} \begin{bmatrix} c_1 \\ c_2 \end{bmatrix} = \frac{1}{\Delta} \begin{bmatrix} b_2 c_1 - b_1 c_2 \\ -a_2 c_1 + a_1 c_2 \end{bmatrix}$$

で表わされます．したがって

$$x = \frac{1}{\Delta}(b_2 c_1 - b_1 c_2) = \frac{1}{\Delta}\begin{vmatrix} c_1 & b_1 \\ c_2 & b_2 \end{vmatrix}$$

$$y = \frac{1}{\Delta}(-a_2 c_1 + a_1 c_2) = \frac{1}{\Delta}\begin{vmatrix} a_1 & c_1 \\ a_2 & c_2 \end{vmatrix}$$

という理屈です．簡単にするために2元（未知数が2つ）の場合を例にとりましたが，3元以上になっても理屈は同じです．

参　考　　(1)　3×3 の行列式の値は，図のア，イ，ウ，カ，キ，クのように串刺しにして

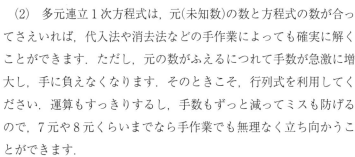

$$\begin{vmatrix} a & b & c \\ d & e & f \\ g & h & i \end{vmatrix} = aei + bfg + chd \\ - ceg - bdi - ahf$$

として計算することができます．ただし，この要領は形式的な憶え方にしかすぎず，4行4列以上の行列式になると，この形式が通用しませんので，あしからず……．

(2)　多元連立1次方程式は，元（未知数）の数と方程式の数が合ってさえいれば，代入法や消去法などの手作業によっても確実に解くことができます．ただし，元の数がふえるにつれて手数が急激に増大し，手に負えなくなります．そのときこそ，行列式を利用してください．運算もすっきりするし，手数もずっと減ってミスも防げるので，7元や8元くらいまでなら手作業でも無理なく立ち向かうことができます．

　チームスポーツや企業などの組織では，ひとりひとりが全力を発揮しなければなりません．しかし，せっかくの全力が間違った方向に発揮されたのでは，組織に貢献するどころか有害でさえあります．そこで，「この方針に沿って全員のベクトルを合わせよう……」などと言い交すことになります．

　ベクトルは大きさと方向の両方を同時に表現しているのですから，この比喩は，言い得て妙，ではありませんか．

4. 関数のつぼ

—— 角度と長さをとりもつ媒酌人 ——

　「ともなって変わる2つの変数 x と y が
あって，x の値を決めると，それに対応し
て y の値がただ1つ決まるとき，y は x の
関数であるという」．中学の教科書でこの
定義を見て，憂鬱な気分になった方は枚挙
にいとまがないでしょう．
　そこで，原因を決めてやれば結果がただ
1つだけ決まるという，原因と結果の以下
のような関係を，結果は原因の関数である
と定義します．
　①　ある原因からは1つの結果だけが起
　　こり，かつ，ある結果は1つの原因か
　　らしか起こらない
　②　ある原因からは1つの結果しか起こ
　　らないが，ある結果は1つの原因から
　　だけ起こるとは限らない
　世の中の因果関係のうち，原因を決めれ
ば結果が1つだけ決まるような因果関係は
とくに重要なので，この因果関係を一括し
て**関数**と総称します．

4.1 三 角 関 数 三角比 $\sin\theta$, $\cos\theta$, $\tan\theta$ を θ の変化($\theta>360°$ を含む)につれて変動する関数としてとらえたとき，これらを三角関数といいます．さらに

$$\frac{1}{\sin\theta}=\operatorname{cosec}\theta, \quad \frac{1}{\cos\theta}=\sec\theta, \quad \frac{1}{\tan\theta}=\cot\theta$$

と約束します．そうすると

$$\sin^2\theta+\cos^2\theta=1 \tag{1}$$

$$1+\tan^2\theta=\sec^2\theta \tag{2}$$

$$1+\cot^2\theta=\operatorname{cosec}^2\theta \tag{3}$$

の関係があります．

例題と答 第 2 章でご紹介した**ヘロンの公式**(8)を証明してみましょう．ごみごみしていますが，ざっと流れを追ってみてください．

まず，公式(1)を変形したうえで因数分解しておきます．

$$\sin^2 A=1-\cos^2 A=(1+\cos A)(1-\cos A) \tag{4}$$

つぎに，62 ページの第 2 余弦法則の公式(5)から得られる

$$\cos A=\frac{b^2+c^2-a^2}{2bc}$$

を使って，ちょっとした細工をします．

$$1+\cos A=\frac{2bc+b^2+c^2-a^2}{2bc}=\frac{(b+c)^2-a^2}{2bc}$$

$$=\frac{(a+b+c)(b+c-a)}{2bc}$$

ここで，$a+b+c=2s$ とおけば

$$b+c-a=2s-2a=2(s-a)$$

$$\therefore \quad 1+\cos A = \frac{2s(s-a)}{bc}$$

同様な細工を $1-\cos A$ にも施してやると

$$1-\cos A = \frac{2(s-b)(s-c)}{bc}$$

となりますから，これらを式(4)に代入すれば

$$\sin^2 A = \frac{4s(s-a)(s-b)(s-c)}{b^2 c^2}$$

$$\therefore \quad \sin A = \frac{2}{bc}\sqrt{s(s-a)(s-b)(s-c)}$$

したがって，三角形の面積 S は，63 ページの 17 行目を参照して

$$S=\frac{1}{2}cb\sin A = \sqrt{s(s-a)(s-b)(s-c)}$$

となり，ヘロンの公式の証明を完了しました．おつかれさま……．

公式(1)〜(3)の根拠　(1)については，60 ページで証明ずみです．
(2)は，58 ページの頭初の定義に立ち戻って

$$1+\tan^2\theta = 1+\frac{c^2}{b^2} = \frac{b^2+c^2}{b^2}$$

$$= \frac{a^2}{b^2} = \frac{1}{\cos^2\theta} = \sec^2\theta$$

(3)についても同様の手順で

$$1+\cot^2\theta = \frac{c^2+b^2}{c^2} = \frac{a^2}{c^2} = \mathrm{cosec}^2\theta$$

参　考　(1)　cosec(cosecant の略)，sec(secant の略)，cot (cotangent の略)の日本語訳は，余割，正割，余接です．

(2)　$(\sin\theta)^2$ などは $\sin^2\theta$ などと書くのがふつうです．

4.2 加 法 定 理

$$\sin(\alpha \pm \beta) = \sin \alpha \cos \beta \pm \cos \alpha \sin \beta \tag{1}$$

$$\cos(\alpha \pm \beta) = \cos \alpha \cos \beta \mp \sin \alpha \sin \beta \tag{2}$$

$$\tan(\alpha \pm \beta) = \frac{\tan \alpha \pm \tan \beta}{1 \mp \tan \alpha \tan \beta} \tag{3}$$

【例題 1】 $\sin 15°$ の値を求めてください.

【答】 公式(1)のマイナス符号の部分を使い, α を $45°$, β を $30°$
とすると

$$\sin 15° = \sin(45° - 30°) = \sin 45° \cos 30° - \cos 45° \sin 30°$$

これに右図のような, よく知られている 3 辺の比を代
入すると

$$= \frac{1}{\sqrt{2}} \cdot \frac{\sqrt{3}}{2} - \frac{1}{\sqrt{2}} \cdot \frac{1}{2} = \frac{\sqrt{3}-1}{2\sqrt{2}} = \frac{\sqrt{6}-\sqrt{2}}{4} (\fallingdotseq 0.259)$$

【例題 2】 $\cos(\alpha + \beta)\cos(\alpha - \beta) = \cos^2 \alpha - \sin^2 \beta$ を証明
してください.

【答】 公式(2)によって

$$\cos(\alpha + \beta)\cos(\alpha - \beta) = (\cos \alpha \cos \beta - \sin \alpha \sin \beta)(\cos \alpha \cos \beta$$
$$+ \sin \alpha \sin \beta)$$

$$= \cos^2 \alpha \cos^2 \beta - \sin^2 \alpha \sin^2 \beta$$

126 ページの公式(1)を $\begin{Bmatrix} \cos^2 \beta = 1 - \sin^2 \beta \\ \sin^2 \alpha = 1 - \cos^2 \alpha \end{Bmatrix}$ と変形して代入する

と

$$= \cos^2 \alpha (1 - \sin^2 \beta) - (1 - \cos^2 \alpha)\sin^2 \beta$$

$$=\cos^2\alpha-\cos^2\alpha\sin^2\beta-\sin^2\beta+\cos^2\alpha\sin^2\beta=\cos^2\alpha-\sin^2\beta$$

という次第です.

公式(1)～(3)が成立する証 代表として $\cos(\alpha-\beta)$ の加法定理を証明しましょう. 図を見ながら付き合ってください. まず, 62ページの第2余弦法則(5)によって

$$\overline{PQ}^2=r^2+r^2-2r^2\cos(\alpha-\beta) \tag{4}$$

です. いっぽう, 三平方の定理によって

$$\overline{PQ}^2=(x_1-x_2)^2+(y_1-y_2)^2$$

なのですが, これに

$$x_1=r\cos\alpha, \quad x_2=r\cos\beta$$
$$y_1=r\sin\alpha, \quad y_2=r\sin\beta$$

を代入すると

$$\overline{PQ}^2=(r\cos\alpha-r\cos\beta)^2+(r\sin\alpha-r\sin\beta)^2$$
$$=r^2\{(\cos^2\alpha+\sin^2\alpha)+(\cos^2\beta+\sin^2\beta)$$
$$-2(\cos\alpha\cos\beta+\sin\alpha\sin\beta)\}$$
$$=2r^2-2r^2(\cos\alpha\cos\beta+\sin\alpha\sin\beta) \tag{5}$$

ここで, 式(4)と式(5)とを見較べると

$$\cos(\alpha-\beta)=\cos\alpha\cos\beta+\sin\alpha\sin\beta$$

であることが明らかです. $\cos(\alpha+\beta)$ のほうも同じ手順で証明できます. また, $\sin(\alpha\pm\beta)$ の加法定理は, $\cos(\alpha+\beta)$ の公式で α の代わりに $\alpha+\pi/2$ とおいたり, β の代わりに $-\beta$ とおいたりすれば証明できるし, $\tan(\alpha\pm\beta)$ の加法定理は, $\tan(\alpha\pm\beta)=\dfrac{\sin(\alpha\pm\beta)}{\cos(\alpha\pm\beta)}$ から作ることができます.

4.3　2倍角・半角の公式

$$\left.\begin{array}{l} \sin 2\alpha = 2\sin\alpha\cos\alpha \\ \cos 2\alpha = \cos^2\alpha - \sin^2\alpha \\ \qquad = 1 - 2\sin^2\alpha = 2\cos^2\alpha - 1 \\ \tan 2\alpha = \dfrac{2\tan\alpha}{1-\tan^2\alpha} \end{array}\right\}\text{(2倍角の公式)}$$

$$\begin{array}{l}(1)\\(2)\\(3)\\(4)\end{array}$$

$$\left.\begin{array}{l} \sin^2\dfrac{\alpha}{2} = \dfrac{1-\cos\alpha}{2} \\ \cos^2\dfrac{\alpha}{2} = \dfrac{1+\cos\alpha}{2} \\ \tan^2\dfrac{\alpha}{2} = \dfrac{1-\cos\alpha}{1+\cos\alpha} \end{array}\right\}\text{(半角の公式)}$$

$$\begin{array}{l}(5)\\(6)\\(7)\end{array}$$

例題 1　$\sin 15°$ の値を求めてください.

答　公式(5)の両辺を $\sqrt{}$ して使いましょう.

$$\sin 15° = \sin\frac{30°}{2} = \sqrt{\frac{1-\cos 30°}{2}} = \sqrt{\frac{1-\sqrt{3}/2}{2}} = \frac{1}{2}\sqrt{2-\sqrt{3}}$$

$$(\fallingdotseq 0.259)$$

このままでも一応の答えですが，式の形を変えて 128 ページの例題 1 と揃えておきましょうか.

$$= \sqrt{\frac{2-\sqrt{3}}{4}} = \sqrt{\frac{6-2\sqrt{6}\sqrt{2}+2}{16}} = \sqrt{\left(\frac{\sqrt{6}-\sqrt{2}}{4}\right)^2} = \frac{\sqrt{6}-\sqrt{2}}{4}$$

例題 2　$\dfrac{\sin 2\alpha}{1-\cos 2\alpha}$ をシンプルな形にしてください.

答　分母には公式(3)を，分子には公式(1)を使うと

$$\frac{\sin 2\alpha}{1-\cos 2\alpha}=\frac{2\sin\alpha\cos\alpha}{1-(1-2\sin^2\alpha)}$$

$$=\frac{\sin\alpha\cos\alpha}{\sin^2\alpha}=\frac{\cos\alpha}{\sin\alpha}=\cot\alpha$$

公式(1)〜(7)が成り立つことの証明　　128 ページの加法定理 (1)において β を α とすれば 2 倍角の公式(1)になります．同様に，加法定理(2)の β を α とすれば公式(2)ができます．また，公式(4)は公式(1)を公式(2)で割ると現われます．

　さらに，半角の公式(5)と(6)は，公式(3)の

　　　$\cos 2\alpha=1-2\sin^2\alpha$　と　$\cos 2\alpha=2\cos^2\alpha-1$

において α を $\alpha/2$ とすれば作れますし，公式(7)は公式(5)を公式(6)で割ったものにすぎません．

参　考　　(1)　3 倍角の公式は，加法定理などを使って

　　　$\sin 3\alpha=\sin(2\alpha+\alpha)=\sin 2\alpha\cos\alpha+\cos 2\alpha\sin\alpha$

　　　　　　$=2\sin\alpha\cos\alpha\cos\alpha+(1-2\sin^2\alpha)\sin\alpha$

　　　　　　$=\sin\alpha(2\cos^2\alpha+1)-2\sin^3\alpha$

　　　　　　$=\sin\alpha(3-2\sin^2\alpha)-2\sin^3\alpha=3\sin\alpha-4\sin^3\alpha$

のように作ってください．めんどうではありますが，同じようにすれば，なん倍角の公式でも作れます．

　(2)　$\sin 15°$ の値を求めるのに，128 ページの例題 1 では加法定理を使ったのに対して，こんどの例題 1 では半角の公式を使い，同じ答えを得ました．さらに，186 ページではまったく別の方法で同じ値を求めてみるつもりです．このように，ある答えを見つけるために使える公式は 1 つとは限りません．また，1 つの公式の利用範囲が多岐にわたっていることも珍しくはありません．

4.4 三角関数の合成

$y_1 = a \sin\theta$, $y_2 = b \cos\theta$ であるとき

$$y_1 + y_2 = a \sin\theta + b \cos\theta = \sqrt{a^2+b^2}\sin(\theta+\alpha) \qquad (1)$$

ただし，$\sin\alpha = \dfrac{b}{\sqrt{a^2+b^2}}$，$\cos\alpha = \dfrac{a}{\sqrt{a^2+b^2}}$，

$\tan\alpha = \dfrac{b}{a}$

公式(1)が三角関数の合成の公式といわれる理由は，つぎの例題を見ていただけば合点されることでしょう．なお，「ただし書き」には3つもの式が並記してありますが，いずれも同じ意味を表わしていますから，どれか1つを選んで使えばじゅうぶんです．

【例 題】 公式(1)の意味を図示しながら説明してください．

【答】 下のグラフは，$a:b$ が $1:2$ になるようにして公式(1)の意味を図解したもので

す．いちばん上の曲線は

$$y_1 = a \sin\theta$$

を表わしています．θ がゼロから $180°$ に至る間に y_1 の値は山を描き，θ が $180°$ から $360°$ の間には谷を描いて，$360°$ で1**周期**の

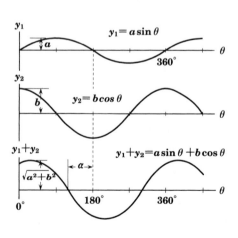

曲線を作り出しています．あとは右のほうへと，なん周期ぶんでも曲線を延ばすことができます．この曲線は**正弦曲線**（サインカーブ）と通称されています．なお，山の高さも，谷の深さも a であり，この a を**振幅**と呼びます．

まん中の曲線は，

$$y_2 = b\cos\theta$$

です．振幅 b を a の2倍にして描いてありますので，上の曲線と較べると，山の高さも谷の深さも2倍になっているのが見てとれます．また，山頂の位置が上の曲線より θ が $90°$ ぶんだけ遅れていますが，これは59ページの公式(4)の性質によるものであり，こういうとき，cos は sin と**位相**が $90°$ だけずれている，といいます．

$y_1 + y_2$ は上の曲線と中の曲線の高さを加え合わせたもので表わされ，それが下の曲線です．上と中の曲線では山頂の位置が一致していないため，下の曲線の振幅が $a+b$ とはならず，$\sqrt{a^2+b^2}$ に縮少されてしまいました．また，位相は上と中の曲線が妥協して生み出すので，下の曲線の位相は上の曲線に対して α だけ遅れ，その α は公式の「ただし書き」のとおりになっています．けれども，下の曲線は依然として正弦曲線の形を保っていることに変わりはありません．これが，公式(1)の意味するところです．

公式(1)が成り立つ根拠

a と b とを2つの辺に選んで直角三角形を作ると

$$\begin{cases} a = \sqrt{a^2+b^2}\cos\alpha \\ b = \sqrt{a^2+b^2}\sin\alpha \end{cases}$$

の関係がありますから，これを，$a\sin\theta + b\cos\theta$ に代入すると

$$a\sin\theta + b\cos\theta = \sqrt{a^2+b^2}\cos\alpha\sin\theta + \sqrt{a^2+b^2}\sin\alpha\cos\theta$$

$$=\sqrt{a^2+b^2}(\sin\theta\cos\alpha+\cos\theta\sin\alpha)$$
$$=\sqrt{a^2+b^2}\sin(\theta+\alpha)$$

となり，公式(1)が成立することがわかります．また，図から直接「ただし書き」の3つの式を確認していただけるでしょう．

参 考 (1) 周期の逆数を**周波数**といいます．周期が 0.1 秒なら，周波数は 10/秒というように，です．

(2) 三角関数を合成する実用上の最大の目的は，振動を合成することにあります．ふつうの単純な振動では位置の変化が正弦曲線によって表わされるので，2つ以上の振動が同時に加えられたときの動きを解明するためには，三角関数の合成が必要になるからです．そういうときには，θ が時間の経過を示しますから，それを明らかにするために θ の代りに ωt などを使って

$$a\sin\omega t+b\cos\omega t=\sqrt{a^2+b^2}\sin(\omega t+\alpha) \qquad \text{(1)もどき}$$

のように書き表わすのがふつうです．

(3) 公式(1)では，y_1 と y_2 の位相がぴったり 90° だけずれているのでした．しかし現実問題としては，位相のずれが 90° とは限りません．つまり，位相のずれが一般的な

$$y_1=a\cos(\omega t+\alpha)$$
$$y_2=b\cos(\omega t+\beta)$$

を合成することが必要になったりします．この2つの式を合計するのは，たいしてむずかしくはなく，三角関数の加法定理を使えば

$$y_1+y_2=r\cos(\omega t+\gamma) \qquad (2)$$
$$\text{ただし} \quad r=\sqrt{a^2+b^2+2ab\cos(\alpha-\beta)}$$
$$\tan\gamma=\frac{a\sin\alpha+b\sin\beta}{a\cos\alpha+b\cos\beta}$$

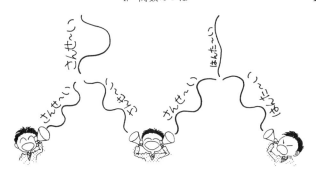

という答えに到達するのに，たいした手間はかかりません*.

　この式を見ると，振幅 r は

　　　$\alpha-\beta=0$　　　なら　$r=a+b$　で最大

　　　$\alpha-\beta=90°$　　なら　$r=\sqrt{a^2+b^2}$　で(1)に一致

　　　$\alpha-\beta=180°$　なら　$r=a-b$　で最小

であることがわかります．つまり，2つの波の位相が一致すると振幅は加算されて大きくなるし，波の位相が $180°$ だけずれると振幅は相殺されて小さくなるというわけです．

　(4)　周期が異なる2つの振動を合成すると，単純な正弦曲線にはならず，数学的にはかなりやっかいです．たとえば

　　　$a\cos(\omega_1 t+\alpha_1)+a\cos(\omega_2 t+\alpha_2)$

　　　$=2a\cos\left(\dfrac{\omega_1-\omega_2}{2}t+\dfrac{\alpha_1-\alpha_2}{2}\right)$

　　　　　$\times\cos\left(\dfrac{\omega_1+\omega_2}{2}t+\dfrac{\alpha_1+\alpha_2}{2}\right)$

のようにです．こちらのほうも実用価値は高いのですが……．

　＊　式(2)の運算は，『関数のはなし（下）【改訂版】』，199 ページにあります．

4.5 逆三角関数

直角三角形におい

て，1つの角 θ と3つの辺の長さ，a, b, c

との関係が

$$\frac{c}{a}=\sin\theta,\quad \frac{b}{a}=\cos\theta,\quad \frac{a}{b}=\tan\theta$$

であるとき

$$\sin^{-1}\frac{c}{a}=\theta \tag{1}$$

$$\cos^{-1}\frac{b}{a}=\theta \tag{2}$$

$$\tan^{-1}\frac{c}{b}=\theta \tag{3}$$

$$\mathrm{cosec}^{-1}\frac{a}{c}=\theta \tag{4}$$

$$\sec^{-1}\frac{a}{b}=\theta \tag{5}$$

$$\cot^{-1}\frac{b}{c}=\theta \tag{6}$$

と定めます.

例題1 $\sin^{-1}0.5=\theta$ のとき，θ はなん度ですか.

答 $\sin^{-1}0.5=\theta$ を書き直せば $\sin\theta=0.5$ ですから，

$\theta=30°$ （61ページの表を参照）です.

例題2 134ページの式(2)に

$$\tan\gamma=\frac{a\sin\alpha+b\sin\beta}{a\cos\alpha+b\cos\beta}$$

というのがありましたが，これを逆関数に書き直してください.

答 $\gamma = \tan^{-1}\dfrac{a \sin \alpha + b \sin \beta}{a \cos \alpha + b \cos \beta}$

参 考 (1) $y = f(x)$ において, y と x を入れ換えた $x = f(y)$ を元の関数の**逆関数**といい, 一般には, これを y について解いた形で表示します. たとえば, $y = ax + b$ の逆関数は

$$x = ay + b \quad \text{であり, これを} \quad y = \frac{1}{a}(x - b)$$

と表示するように, です. 同様に, $y = \sin x$ の逆関数は $x = \sin y$ なので, これを y について解いた形で表示したいのですが, 代数的な演算によって $\sin y$ を $y = \times\times\times$ の形に直すことができません. やむを得ないので, $x = \sin y$ を y について解いた形を

$$y = \sin^{-1} x$$

と約束することにします.

(2) $\sin^2 x$ は $(\sin x)^2$ のことですから, $\sin^{-1} x$ は $(\sin x)^{-1}$ のことかと錯覚しそうですが, そうではありません. $\sin^{-1} x$ などは $\sin x$ などの逆関数を示すための記号であると割切りましょう.

(3) $\sin^{-1} x$ は $\arcsin x$(アークサイン x)

   $\cos^{-1} x$ は $\arccos x$(アークコサイン x)

   $\tan^{-1} x$ は $\arctan x$(アークタンジェント x)

   $\operatorname{cosec}^{-1} x$ は $\operatorname{arccosec} x$(アークコセカント x)

   $\sec^{-1} x$ は $\operatorname{arcsec} x$(アークセカント x)

   $\cot^{-1} x$ は $\operatorname{arccot} x$(アークコタンジェント x)

と書くこともあり(カッコ内は読み方), その日本語訳は, それぞれ, 逆正弦, 逆余弦, 逆正接, 逆余割, 逆正割, 逆余接です.

138

4.6 指 数 関 数

定義 $a>0$, $a\neq1$ のとき

$$y=a^x \tag{1}$$

で表わされる関数を，a を底とする x の**指数関数**といいます．

指数法則

$$a^{-n}=\frac{1}{a^n}$$

$$a^n a^m=a^{n+m}$$

$$\frac{a^m}{a^n}=a^{m-n}$$

$$(a^n)^m=(a^m)^n=a^{nm}$$

$$a^{\frac{1}{n}}=\sqrt[n]{a}$$

$$a^{\frac{m}{n}}=\sqrt[n]{a^m}=(\sqrt[n]{a})^m$$

$$a^0=1$$

$$ただし \quad a, \ m, \ n>0$$

補　足　式(1)で表わされる指数関数をグラフに描いてみました．a^2 や a^3 を計算するのはわけありませんが，図を見ると，a^x のカーブは a^2 や a^3 のところばかりでなく，その中間の $a^{2.5}$ や $a^{2.75}$ などのところでも，もっともらしく滑らかに連続して描かれています．a を 2.5 回だけ掛け合わせるという芸当は，私たちが知っている数学ではできません．いったい，この意味はなんでしょうか．わかりやすいように，指数が 2 とか 3 とかの正の整数の場合から説明します．とりあえず a は，プラスの値と考えておいてください．

n と m とがともに正の整数
であれば

$$a^n \times a^m = a^{n+m} \quad (2)$$

です．また

$$(a^n)^m = a^{n \times m} \quad (3)$$

です．ところが

$$(\sqrt{a})^2 = a$$

$$(\sqrt[3]{a})^3 = a$$

$$(\sqrt[n]{a})^n = a$$

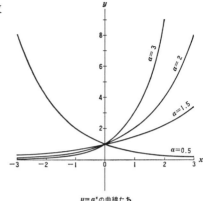

$y = a^x$ の曲線たち

ですから

$$\sqrt{a} = a^{\frac{1}{2}}, \quad \sqrt[3]{a} = a^{\frac{1}{3}}, \quad \sqrt[n]{a} = a^{\frac{1}{n}}$$

と考えれば

$$(\sqrt{a})^2 = (a^{\frac{1}{2}})^2 = a^{\frac{1}{2} \times 2} = a$$

$$(\sqrt[3]{a})^3 = (a^{\frac{1}{3}})^3 = a^{\frac{1}{3} \times 3} = a$$

$$(\sqrt[n]{a})^n = (a^{\frac{1}{n}})^n = a^{\frac{1}{n} \times n} = a$$

となって，式(3)の関係とつじつまがあいます．したがって

$$\sqrt[n]{a} = a^{\frac{1}{n}} \tag{4}$$

と決めることは理に適っています．さらに，この関係を使うと

$$\sqrt[n]{a^m} = (a^m)^{\frac{1}{n}} = a^{\frac{m}{n}} = (a^{\frac{1}{n}})^m = (\sqrt[n]{a})^m$$

ですから

$$\sqrt[n]{a^m} = (\sqrt[n]{a})^m = a^{\frac{m}{n}} \tag{5}$$

なども成立することがわかります．

お待たせしました. $a^{2.5}$ とは

$$a^{2.5}=a^{\frac{5}{2}}=\sqrt{a^5}$$

ですから, $a^{2.5}$ とは a を5乗してそれをルートに開いたものですし

$$a^{2.75}=a^{\frac{11}{4}}=\sqrt[4]{a^{11}}$$

は a の11乗の4乗根なのです.

| 例 題 | $8^x=2^{x+4}$ を求めてください.

| 答 | 指数法則によって $8^x=(2^3)^x=2^{3x}$ ですから,

$$2^{3x}=2^{x+4}$$

よって $3x=x+4$

$x=2$ が求まりました.

4.7 対 数 関 数

定義 $a>0$, $a \neq 1$ のとき

$$y=\log_a x \qquad (1)$$

で表わされる関数を，a を底とする x の**対数関数**といい，対数関数は指数関数の逆関数です．

対数法則

$$\log_a AB = \log_a A + \log_a B \qquad (2)$$

$$\log_a \frac{A}{B} = \log_a A - \log_a B$$

$$\log_a A^n = n \log_a A$$

$$\log_a \sqrt[n]{A} = \frac{1}{n} \log_a A$$

$$\log_a x = \frac{\log_b x}{\log_b a}$$

ただし　$a>0$, $a \neq 1$

A, $B>0$

補 足　式(1)は，前節で登場した $y=a^x$ の逆関数です．式(1)で表わされる対数関数とはどのような関数か，指数関数と同様に，グラフに描いてみました．グラフを描くには式(1)の a をある値に固定し，x を変化させながら，それに対応する y の値を求めてやればいいはずです．しかし，あいにくなことに y の計算は容易にできません．そこで，逆関数のグラフは元の関数のグラフと $y=x$ の直線について対称な位置にあることを利用して，指数関数のグラフを

$y=x$ の直線をはさんで対称の位置に移し代えれば，グラフを描けるはずです．こうして2つの例を描いてみました．a が1より大きい対数曲線は，x がゼロに近い値のときにはマイナス無限大の彼方にありますが，x が1のときちょうどゼロになり，あとは x の増加につれて大きくなるいっぽうです．ただし，x がどんどん増しても $\log_a x$ の値は，その割には大きくなりません．この性質がある種の社会現象や自然現象にうまく合うので，それらの現象を数学的に表現するときに，しばしば利用されます．

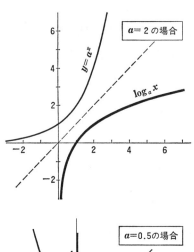

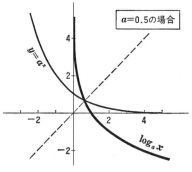

| 例 題 | $\log_2(x-1)=3$ を求めてください． |

| 答 | $3=3\log_2 2=\log_2 2^3=\log_2 8$ ですから，

$$\log_2(x-1)=\log_2 8$$

よって

$$x-1=8$$

$$x=9$$

となります．

参　考　対数関数は指数関数の逆関数でした．そこで，対数関数の元の関数と逆関数のタイプを比較しておきます．なお，逆関数の逆関数を作れば元の関数に戻りますから，矢印を反対向きにしても，これらの対応が成立することはもちろんです．

（元の関数）		（逆関数）
1 次関数	→	1 次関数
2 次関数	→	無理関数
高次関数	→	無理関数
分数関数	→	分数関数
指数関数	→	対数関数
三角関数	→	逆三角関数

つぎの式を**オイラーの公式**といいます.

$$e^{ix} = \cos x + i \sin x$$

この式の x に $n\theta$ を代入すると

$$e^{in\theta} = \cos n\theta + i \sin n\theta$$
$$= (\cos \theta + i \sin \theta)^n$$

となり，**ド・モアブルの公式**と呼ばれます．さらにオイラーの公式の x を π にすると

$$e^{i\pi} = -1 \qquad \text{または} \qquad e^{i\pi} + 1 = 0$$

となります．数字の基本である 0 と 1，それに，e(13 ページ)と i(30 ページ)と π(円周率)が不思議な縁で結ばれているではありませんか．

そして，この式を，いい(e)オッパイ(π)の愛人(i)は($=$)いない(-1)と語呂合せをしているけしからん紳士もいます．

なお，これらの式の図形的な意味については，拙著ばかりを引用して申し訳ありませんが，『微積分のはなし(下)【改訂版】』の 186 ページをごらんください.

5. 微分と積分を開く鍵

—— 往路が微分で帰路が積分 ——

微分は，どう変化しているのか
積分は，その結果どうなったのか
を調べるテクニックです．一定の時間内に
どれだけ増加したかというようなことが変
化ですから，微分はある種の割り算です．
また，変化しながら推移する状態を寄せ集
めたものが結果ですから，積分はある種の
足し算か掛け算です．ただし，時々刻々の
変化に付き合うために極限という概念が持
ち込まれるので，そのぶんだけ，四則演算
よりテクニックが高度になります．そのテ
クニックをご紹介するのが，この章です．

5.1 微　　分　x の関数である $f(x)$ について

$$\lim_{\Delta x \to 0} \frac{f(x+\Delta x)-f(x)}{\Delta x} = f'(x) \qquad (1)$$

を x の関数とみるとき, $f'(x)$ を $f(x)$ の**導関数**と呼びます.

そして, 導関数 $f'(x)$ を求めることを $f(x)$ を**微分**するといいます.

また, $y=f(x)$ のときは, 導関数を $\dfrac{dy}{dx}$, あるいは y' とも書き表わします.

（注）公式の中の Δx は, x の小さな変化を表わし, Δx で1つの記号です. デルタ・エックスと読んでください.

なんとも重苦しい定義なので, 少しばかり補足しましょう. 図をごらんください. 公式(1)の左辺の分母は A 点と B 点の x 軸方向の距離ですし, 分子は A 点と B 点の $f(x)$ 軸方向の距離です. つまり, 左辺の分子・分母は, x が Δx だけ変化する間に $f(x)$ がどれだけ変化するか, いいかえれば Δx の区間での $f(x)$ の平均変化率を表わしていることになります. ところが, 左辺には $\lim_{\Delta x \to 0}$ という極限の記号がついていますから, 左辺の意味するところは, 図の A 点における $f(x)$ の変化率です. こういうわけですから, 導関数は, $f(x)$ の変化率を x の関数として表わしたもの, ということができますし. したがって, 微分は変化率を求める作業であるといえるでしょう. また, $f(x)$ の曲線全体に注目するなら, 曲線のいたるところの傾きを x の関数として求める作業が微分であると考えること

もできます.

例 題　$f(x)=x^2$ として $f'(x)$ を求めてください.

答　公式(1)に従って計算していきます.

$$f'(x)=\lim_{\Delta x \to 0}\frac{(x+\Delta x)^2-x^2}{\Delta x}$$

$$=\lim_{\Delta x \to 0}\frac{2x \cdot \Delta x + \Delta x^2}{\Delta x}$$

$$=\lim_{\Delta x \to 0}(2x+\Delta x)=2x$$

というわけで, x^2 を微分すると $2x$ になることがわかりました.

参　考　(1)　導関数 $f'(x)$ の x に特定の値 a を代入した $f'(a)$ を, a における**微分係数**といいます. すなわち, a における微分係数は, x が a のときの $f(x)$ の変化率であり, その位置における $f(x)$ 曲線の傾きです.

(2)　x の関数 $f(x)$ は常に x で微分できるとは限りません. $x=a$ のところで微分が可能であるためには

$$\lim_{\Delta x \to +0}\frac{f(a+\Delta x)-f(a)}{\Delta x}=\lim_{\Delta x \to -0}\frac{f(a+\Delta x)-f(a)}{\Delta x}$$

でなければなりません. つまり, a 点にプラス側から近づいたときとマイナス側から近づいたときの傾斜が, 一致する必要があります. V 字型の底のようなところや, 曲線が途切れているところなどでは, 微分が不可能なのです.

(3)　Δx が x の小さな変化を表わすのに対して, dx は, その極限の状態を表わすときに用いられます.

5.2 基本的な関数の微分

与えられた関数 $\xrightarrow{\text{微分}}$ 導関数

x^n	nx^{n-1}	(1)
e^x	e^x	(2)
a^x	$(\log a)a^x$	(3)
$\log x$	$\dfrac{1}{x}$	(4)
$\sin x$	$\cos x$	(5)
$\cos x$	$-\sin x$	(6)
$\tan x$	$\sec^2 x$	(7)
$\sec x$	$\sec x \tan x$	(8)
$\operatorname{cosec} x$	$-\operatorname{cosec} x \cot x$	(9)
$\cot x$	$-\operatorname{cosec}^2 x$	(10)
定数	0	(11)

たとえば，x^n を x で微分すると nx^{n-1} になることを

$$\frac{d}{dx}x^n = nx^{n-1}$$

というように書き表わします．他の関数についても同様です．

公式(1)～(11)が成り立つ証拠　　これらの公式の中から 2 例を選んで証明してみましょう．証明の手掛かりは 146 ページの公式(1)です．

まず，公式(1)を証明します．式の展開には 25 ページの二項定理を使います．

$$\frac{d}{dx}x^n = \lim_{\Delta x \to 0}\frac{(x+\Delta x)^n - x^n}{\Delta x}$$

$$= \lim_{\Delta x \to 0}\frac{(x^n + {}_nC_1 x^{n-1}\cdot\Delta x + {}_nC_2 x^{n-2}\cdot\Delta x^2 + \cdots + \Delta x^n) - x^n}{\Delta x}$$

$$= \lim_{\Delta x \to 0}\frac{{}_nC_1 x^{n-1}\cdot\Delta x + {}_nC_2 x^{n-2}\cdot\Delta x^2 + \cdots + \Delta x^n}{\Delta x}$$

$$= \lim_{\Delta x \to 0}({}_nC_1 x^{n-1} + \underbrace{{}_nC_2 x^{n-2}\cdot\Delta x + \cdots + \Delta x^{n-1}}_{\Delta x \to 0 \text{ の極限ではゼロになる}})$$

$$= {}_nC_1 x^{n-1} = nx^{n-1}$$

つぎに，公式(5)を証明します．この証明には三角関数の公式(12)を使うほか，付録(3)の 251 ページの知恵も借ります．

$$\sin A - \sin B = 2\sin\frac{A+B}{2}\sin\frac{A-B}{2} \qquad (12)$$

$$\frac{d}{dx}(\sin x) = \lim_{\Delta x \to 0}\frac{\sin(x+\Delta x) - \sin x}{\Delta x}$$

$$= \lim_{\Delta x \to 0}\frac{2\cos\dfrac{2x+\Delta x}{2}\sin\dfrac{\Delta x}{2}}{\Delta x}$$

$$= \lim_{\Delta x \to 0}\cos\left(x + \frac{\Delta x}{2}\right)\frac{\sin\dfrac{\Delta x}{2}}{\dfrac{\Delta x}{2}}$$

$\Delta x \to 0$ 極限では付録(3)によって $\sin\dfrac{\Delta x}{2}\Big/\dfrac{\Delta x}{2} = 1$ なので

$$= \lim_{\Delta x \to 0}\cos\left(x + \frac{\Delta x}{2}\right) = \cos x$$

です．他の三角関数の微分についても同様に証明できます．対数の微分などについては参考文献*を見ていただければ幸いです．

＊　『微積分のはなし(上)【改訂版】』，99 ページ

5.3　関数の和・差・積・商の微分

c は定数，f と g とがともに x の関数であれば

$$\frac{d}{dx}(cf)=c\frac{df}{dx} \tag{1}$$

$$\frac{d}{dx}(f\pm g)=\frac{df}{dx}\pm\frac{dg}{dx} \tag{2}$$

$$\frac{d}{dx}(fg)=g\frac{df}{dx}+f\frac{dg}{dx} \tag{3}$$

$$\frac{d}{dx}\left(\frac{f}{g}\right)=\frac{g\dfrac{df}{dx}-f\dfrac{dg}{dx}}{g^2} \tag{4}$$

　ふつう，x の関数は $f(x)$，$g(x)$ のように書きますが，ここでは式をすっきりさせるために，これらを f, g, などと略記しました．こういう省略法は珍しいことではありません．

例題 1　$\left(\dfrac{a}{x}\right)^2$ を x で微分してください．

答　$\dfrac{d}{dx}\left(\dfrac{a}{x}\right)^2=\dfrac{d}{dx}a^2x^{-2}=a^2\dfrac{d}{dx}x^{-2}$（$a^2$ は定数だから）

$\qquad =-2a^2x^{-3}=-\dfrac{2a^2}{x^3}$

例題 2　$f(x)=\sin x-\cos x$ のとき，$f'(x)$ を求めてください．

答　$f'(x)=\dfrac{d}{dx}(\sin x-\cos x)=\dfrac{d}{dx}(\sin x)-\dfrac{d}{dx}(\cos x)$

$\qquad =\cos x+\sin x$

例題 3　$y=x^2\sin x$ を x で微分してください．

答　$f=x^2$, $g=\sin x$ とおいて公式(3)を使いましょう．そう

すると, $\dfrac{df}{dx}=2x$, $\dfrac{dg}{dx}=\cos x$ ですから

$$\frac{dy}{dx}=\frac{d}{dx}(x^2\sin x)=\frac{d}{dx}(fg)=g\frac{df}{dx}+f\frac{dg}{dx}$$

$$=2x\sin x+x^2\cos x$$

例題 4　$\tan x$ の導関数を, $\tan x=\dfrac{\sin x}{\cos x}$ の関係を利用して, 求めてください.

答　$f=\sin x$, $g=\cos x$ とおいて公式(4)を使うことにすれば, $\dfrac{df}{dx}=\cos x$, $\dfrac{dg}{dx}=-\sin x$ ですから

$$\frac{d}{dx}(\tan x)=\frac{d}{dx}\left(\frac{\sin x}{\cos x}\right)=\frac{d}{dx}\left(\frac{f}{g}\right)$$

$$=\frac{g\dfrac{df}{dx}-f\dfrac{dg}{dx}}{g^2}=\frac{\cos x\cos x+\sin x\sin x}{\cos^2 x}$$

$$=\frac{\cos^2 x+\sin^2 x}{\cos^2 x}=\frac{1}{\cos^2 x}=\sec^2 x$$

公式(1)〜(4)が成り立つ証

これらのうち, いちばん手数のかかる公式(4)を証明してみましょう. あとの公式は, これより簡単に証明できますから…….

$$\frac{d}{dx}\left(\frac{f}{g}\right)=\lim_{\varDelta x\to 0}\frac{\dfrac{f(x+\varDelta x)}{g(x+\varDelta x)}-\dfrac{f(x)}{g(x)}}{\varDelta x}$$

$$=\lim_{\varDelta x\to 0}\left\{\frac{1}{\varDelta x}\frac{f(x+\varDelta x)g(x)-f(x)g(x+\varDelta x)}{g(x+\varDelta x)g(x)}\right\}$$

ここで, 右辺の分子から $f(x)g(x)$ を引き, $f(x)g(x)$ を加えるという奇妙な操作をすると, ことがうまく運ぶから不思議です.

$$= \lim_{\Delta x \to 0} \left\{ \frac{1}{\Delta x} \frac{f(x+\Delta x)g(x)-f(x)g(x)-f(x)g(x+\Delta x)+f(x)g(x)}{g(x+\Delta x)g(x)} \right\}$$

$$= \lim_{\Delta x \to 0} \frac{\dfrac{f(x+\Delta x)-f(x)}{\Delta x}g(x)-f(x)\dfrac{g(x+\Delta x)-g(x)}{\Delta x}}{g(x+\Delta x)g(x)}$$

$$= \frac{\displaystyle\lim_{\Delta x \to 0}\frac{f(x+\Delta x)-f(x)}{\Delta x}g(x)-\lim_{\Delta x \to 0}f(x)\frac{g(x+\Delta x)-g(x)}{\Delta x}}{\displaystyle\lim_{\Delta x \to 0}g(x+\Delta x)g(x)}$$

という形になります．そこで，グループごとの極限を考えると

$$\lim_{\Delta x \to 0}\frac{f(x+\Delta x)-f(x)}{\Delta x}g(x)=f'(x)g(x)$$

$$\lim_{\Delta x \to 0}f(x)\frac{g(x+\Delta x)-g(x)}{\Delta x}=f(x)g'(x)$$

$$\lim_{\Delta x \to 0}g(x+\Delta x)g(x)=g(x)g(x)=\{g(x)\}^2$$

ですから，計算のつづきは

$$= \frac{f'(x)g(x)-f(x)g'(x)}{\{g(x)\}^2}=\frac{g\dfrac{df}{dx}-f\dfrac{dg}{dx}}{g^2}$$

となり，公式(4)の証明が終りました．おつかれさま……．

関連する公式——その1　　g が x の関数であるとき

$$\frac{d}{dx}\left(\frac{1}{g}\right)=-\frac{1}{g^2}\frac{dg}{dx} \tag{5}$$

これは公式(4)において $f=1$ としたものにすぎませんが，利用価値の高い公式です．たとえば，$\dfrac{1}{x^2+x+1}$ を微分するには

$$g=x^2+x+1 \quad \text{と考えれば} \quad \frac{dg}{dx}=2x+1 \quad \text{ですから}$$

$$\frac{d}{dx}\left(\frac{1}{x^2+x+1}\right)=-\frac{1}{g^2}\frac{dg}{dx}=-\frac{2x+1}{(x^2+x+1)^2}$$

というように，です．

関連する公式——その2　　f, g, h がともに x の関数であれば

$$\frac{d}{dx}(fgh)=gh\frac{df}{dx}+fh\frac{dg}{dx}+fg\frac{dh}{dx} \tag{6}$$

この公式は，関数の積を微分する公式(3)において，関数が3つにふえた場合に相当します．これは

$$\frac{d}{dx}(fgh)=h\frac{d}{dx}(fg)+fg\frac{dh}{dx}$$

$$=h\left(g\frac{df}{dx}+f\frac{dg}{dx}\right)+fg\frac{dh}{dx}=\text{公式}(6)\text{の右辺}$$

だからあたり前のことです．関数が4つ以上になっても同様です．

例題 5 　少し手間がかかりますが，$y=\cos x \sin x \tan x$ を x で微分してください．

答 　$\cos x=f$，$\sin x=g$，$\tan x=h$ として公式(6)を使うと

$$\frac{dy}{dx}=\sin x \tan x \frac{d}{dx}(\cos x)+\cos x \tan x \frac{d}{dx}(\sin x)$$

$$+\cos x \sin x \frac{d}{dx}(\tan x)$$

$$=-\sin x \sin x \tan x+\cos x \cos x \tan x$$

$$+\cos x \sin x \sec^2 x$$

$$=-\sin^2 x \tan x+\cos^2 x \tan x+\tan x$$

$$=\tan x(-\sin^2 x+\cos^2 x+1)$$

ここで　$1=\sin^2 x+\cos^2 x$ を代入すると

$$=\tan x(-\sin^2 x+\cos^2 x+\sin^2 x+\cos^2 x)$$

$$=2\tan x \cos^2 x$$

というぐあいです．

5.4 合成関数の微分

$$y = f(t), \quad t = g(x) \quad \text{なら} \quad \frac{dy}{dx} = \frac{dy}{dt}\frac{dt}{dx} \tag{1}$$

これは, y は t の関数であり, t は x の関数であるために, y は間接的に x の関数となっている場合の公式です.

例題 1 $y = (x^2 + 2x + 3)^{100}$ を x で微分してください.

答 右辺を展開して長い長い式を作り, 各項をひとつひとつ微分するなど常軌を逸しています. 公式(1)を利用して手際よく微分しましょう. そのためには

$$x^2 + 2x + 3 = t$$

とおきます. そうすると

$$y = t^{100} \quad \text{なので} \quad \frac{dy}{dt} = 100\, t^{99}$$

となりますし, いっぽう

$$\frac{dt}{dx} = 2x + 2$$

ですから

$$\frac{dy}{dx} = \frac{dy}{dt}\frac{dt}{dx} = 100\, t^{99}(2x + 2)$$

$$= 200(x^2 + 2x + 3)^{99}(x + 1)$$

と, いとも簡単に微分できてしまいました.

例題 1 $y = \sqrt{ax^2 + bx}$ を微分してください.

答 この手の問題では

$$ax^2 + bx = t$$

とおくのが常套手段です．こうすると

$$y = t^{\frac{1}{2}} \qquad \therefore \quad \frac{dy}{dt} = \frac{1}{2} t^{-\frac{1}{2}} = \frac{1}{2\sqrt{ax^2+bx}}$$

$$\frac{dt}{dx} = 2ax + b$$

ですから

$$\frac{dy}{dx} = \frac{dy}{dt}\frac{dt}{dx} = \frac{2ax+b}{2\sqrt{ax^2+bx}}$$

となります．

公式(1)が成り立つ理由

x を Δx だけ増してやると，t は Δt だけ増加し，t が Δt だけふえると，y は Δy だけ増加すると考えてみます．そうすると Δx と Δy の比は

$$\frac{\Delta y}{\Delta x} = \frac{\Delta y}{\Delta t} \cdot \frac{\Delta t}{\Delta x}$$

で表わされます．この式で $\Delta x \to 0$ の極限を考えると

$$\lim_{\Delta x \to 0} \frac{\Delta y}{\Delta x} = \lim_{\Delta x \to 0}\left(\frac{\Delta y}{\Delta t} \cdot \frac{\Delta t}{\Delta x} \right) = \lim_{\Delta x \to 0} \frac{\Delta y}{\Delta t} \cdot \lim_{\Delta x \to 0} \frac{\Delta t}{\Delta x}$$

$\Delta x \to 0$ ということは，同時に $\Delta t \to 0$ であることを意味しますから，右辺第1項の $\Delta x \to 0$ を $\Delta t \to 0$ に書き直すことができ

$$\lim_{\Delta x \to 0} \frac{\Delta y}{\Delta x} = \lim_{\Delta t \to 0} \frac{\Delta y}{\Delta t} \cdot \lim_{\Delta x \to 0} \frac{\Delta t}{\Delta x}$$

あとは，微分の定義そのものによって

$$\frac{dy}{dx} = \frac{dy}{dt} \cdot \frac{dt}{dx}$$

というわけです．

関連する公式——その1

$$\frac{dy}{dx} = \frac{dy}{dt} \bigg/ \frac{dx}{dt} \tag{2}$$

この公式は，つぎのような場合に便利です．

$$y = t^3 - 1$$

$$x = t^2 + t + 1$$

で表わされるとき，x で y を微分してみましょう．もちろん，両式から t を消去して，y を x の関数に直してから微分する手もありますが，それは，かなり煩雑です．そこで

$$\frac{dy}{dt} = 3t^2$$

$$\frac{dx}{dt} = 2t + 1$$

として公式(2)を使えば

$$\frac{dy}{dx} = \frac{dy}{dt} \bigg/ \frac{dx}{dt} = \frac{3t^2}{2t+1}$$

と，なんの雑作もありません．

関連する公式——その2

$y = f(t)$，$t = g(s)$，$s = h(x)$ なら

$$\frac{dy}{dx} = \frac{dy}{dt} \cdot \frac{dt}{ds} \cdot \frac{ds}{dx} \tag{3}$$

公式(1)が2段階だったのに対して，こんどは3段階の合成関数の場合です．一例として

$$y = \log\sqrt{ax^2 + bx}$$

を x で微分してみましょう．まず

$$\sqrt{ax^2 + bx} = t$$

とおきます. そうすると

$$y = \log t \qquad \therefore \quad \frac{dy}{dt} = \frac{1}{t} = \frac{1}{\sqrt{ax^2 + bx}}$$

です. つづいて

$$ax^2 + bx = s$$

とおけば

$$t = \sqrt{s} = s^{\frac{1}{2}}$$

$$\therefore \quad \frac{dt}{ds} = \frac{1}{2} s^{-\frac{1}{2}} = \frac{1}{2\sqrt{ax^2 + bx}}$$

いっぽう, $\dfrac{ds}{dx} = 2ax + b$ ですから, 公式(3)によって

$$\frac{dy}{dx} = \frac{dy}{dt}\frac{dt}{ds}\frac{ds}{dx} = \frac{1}{\sqrt{ax^2 + bx}} \cdot \frac{2ax + b}{2\sqrt{ax^2 + bx}}$$

$$= \frac{2ax + b}{2(ax^2 + bx)}$$

というぐあいです. 複雑な関数を微分するときにお試しください.

関連する公式——その3

$$\frac{dy}{dx} = 1 \Big/ \frac{dx}{dy} \tag{4}$$

この公式には x と y しかありませんから, 合成関数の微分公式とはいいません. ふつうは**逆関数の微分公式**と呼んでいます. ただ, 式の形が公式(2)などと似ているので, 多くの参考書の真似をして, この辺でご紹介することにしました. この公式は, たとえば

$$x = y^2 - y + 1$$

から dy/dx を計算するようなときに便利です.

$$\frac{dx}{dy} = 2y - 1$$

を求めておいて

$$\frac{dy}{dx}=1\Big/\frac{dx}{dy}=\frac{1}{2y-1}$$

とすればいいからです

関連する公式──その4

$$\frac{d}{dx}\log f(x)=\frac{f'(x)}{f(x)} \tag{5}$$

この公式も覚えておいて損はありません. たとえば

$$y=\log(x^2+x+1)$$

を微分するなら

$$f(x)=x^2+x+1, \quad f'(x)=2x+1$$

ですから

$$\frac{dy}{dx}=\frac{2x+1}{x^2+x+1}$$

でこと足りますし, また

$$y=\log(\sin x)$$

の場合には

$$f(x)=\sin x, \quad f'(x)=\cos x$$

ですから

$$\frac{dy}{dx}=\frac{\cos x}{\sin x}=\cot x$$

と, ばかに調子がいいではありませんか.

ここで, 公式(5)の由来をご紹介しておこうと思います.

$y=f(x)$ として $z=\log y$ とおきましょう.

$$\frac{dz}{dx}=\frac{dz}{dy}\frac{dy}{dx}=\frac{1}{y}\frac{dy}{dx}$$

つまり, $\dfrac{d}{dx}\log y=\dfrac{1}{y}\dfrac{dy}{dx}$

ここで, y の代わりに $f(x)$ と書けば

$$\frac{d}{dx}\log f(x)=\frac{f'(x)}{f(x)}$$

という次第です.

参 考 (1) 導関数の記号には y', $f'(x)$, $\dfrac{dy}{dx}$ などがあり, y' や $f'(x)$ は簡便ですし, 行数もとらないのでよく使われます. ただし, たとえば x の関数である y を x で微分することを強調したいときには $\dfrac{dy}{dx}$ と, はっきり書くほうがいいでしょう.

(2) 公式(2)〜(4)も, 公式(1)のときと同様に証明できます. あまりに無味乾燥なので省略しましたが…….

びっくり＝f(ねずみの動作)

　　ねずみの動作＝g(ねこの動作)

　　　　ねこの動作＝h(いぬの動作)

5.5 平均値の定理

関数 $f(x)$ が，$a \sim b$ の区間で微分が可能なら

$$\frac{f(b)-f(a)}{b-a}=f'(c) \tag{1}$$

ただし，$a < c < b$

を満たすような c が少なくとも 1 つは存在します．これを平均値の定理といいます．

　具体的なイメージを補うと同時に，この定理が成り立つことに同意していただくために，図を描いてみました．

　公式(1)の左辺の分母は A 点と B 点の横方向の距離ですし，分子は A 点と B 点の縦方向の距離です．したがって，左辺は A

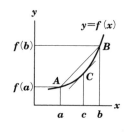

点と B 点を結ぶ直線の傾きの大きさです．そして，公式(1)の右辺は，その傾きと同じ傾きが A 点から B 点までの $f(x)$ の曲線上に，少なくとも 1 つは存在することを意味しています．

　これは，当然のことだと思いませんか？ $f(x)$ は，$a \sim b$ の区間で微分が可能ですから，途中で切れたり，折れていたりすることはありません．それなら，A から B に向う曲線が，直線 AB と平行な傾きをいちども経験することなく B に到着することは，不可能ではありませんか．これほどあたり前の事実が「平均値の定理」として威張っているのは……．まぁ，つぎの例題を見てください．

$\boxed{\text{例 題}}$ つぎの不等式が成り立つことを証明してください.

$$\frac{1}{1+x} < \log\frac{x+1}{x} < \frac{1}{x}$$

$\boxed{\text{答}}$ いろいろな証明法がありそうですが, せっかくですから, 平均値の定理を活用しましょう.

まず, $f(x)=\log x$ とおきます. そして,

$$a=x,\ b=x+1,\ b-a=1$$

とおくとともに, $f'(x)=\dfrac{1}{x}$ ですから $f'(c)=\dfrac{1}{c}$ として, これらを公式(1)に代入します.

$$\frac{\log(x+1)-\log x}{1}=\frac{1}{c}\quad (ただし,\ x<c<x+1)$$

ところが, 10ページの公式(2)を思い出していただくまでもなく

$$\log(x+1)-\log x=\log\frac{x+1}{x}$$

ですから

$$\frac{1}{c}=\log\frac{x+1}{x}$$

です.

いっぽう, 6行前の( )の中にあるた̇だ̇し̇書きに注目してください. 不等式では逆数をとると不等号の向きが逆転すること(33ページ)に注意しながら, 逆数をとり, さらに順序を入れ換えれば

$$\frac{1}{x+1} < \frac{1}{c} < \frac{1}{x}$$

故に $\quad\dfrac{1}{x+1}<\log\dfrac{x+1}{x}<\dfrac{1}{x}$

という次第です. なんとなく, 狐につままれたような感じがしないこともありませんが…….

5.6　極大と極小　関数 $f(x)$ について

　$f'(a)=0$　であるとき

　　$f''(a)>0$ なら，$f(a)$ は極小値　　　　　　　(1)

　　$f''(a)<0$ なら，$f(a)$ は極大値　　　　　　　(2)

となっています.

　こんども前項のときと同様に図を描いて
あります. $f'(a)$ がゼロであるということ
は，x につれて変化する $f(x)$ の変化率, つ
まり，$f(x)$ 曲線の傾きが $x=a$ のところで
ゼロになるということですから，そこは,
$f(x)$ 曲線の谷底か山頂であることを意味
します. したがって，谷底ならばその点に
おける曲線の傾きの変化率 $f''(a)$ がプラ
スの値，山頂ならば $f''(a)$ がマイナスの値

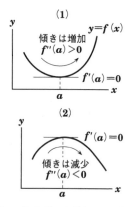

になっているはずです. そこで，$f''(a)$ の値で谷底(極小値)か山頂
(極大値)を見分けようというのが，上記の法則です. なお，$f''(x)$ は
$f(x)$ を x について 2 回微分してできた関数 $\dfrac{d^2}{dx^2}f(x)$ のことであ
り，$f''(a)$ は，$f''(x)$ の x に a を代入した値のことです. 念のため
…….

例題　$f(x)=x^3-3x+1$ で表わされる $f(x)$ が極小または極大
になるような x を見つけ，そこで極小なのか極大なのかを判定して
ください.

答　まず，$f(x)$ を x で微分し，それをゼロとおきます.

$$f'(x)=3x^2-3=3(x-1)(x+1)=0$$

$$\therefore \quad x=1 \quad と \quad x=-1$$

つまり，x が 1 と -1 とで $f(x)$ は極小か極大になります．つぎに，$f'(x)$ をもういちど微分し，x が 1 と -1 のときに，その値がプラスになっているかマイナスになっているかを調べます．

$$f''(x)=6x$$

故に $\quad f''(1) \quad =6 \quad >0$

$$f''(-1)=-6<0$$

したがって，x が 1 のところで $f(x)$ は極小，x が -1 のところで $f(x)$ は極大になっていることが判明しました．ちなみに，そのときの $f(x)$ の値は

$f(x)$ の極小値 $\quad f(1) \quad =-1$

$f(x)$ の極大値 $\quad f(-1)=3$

ということになります．

参 考 右の図をごらんください．これは例題の関数をグラフに描いたものです．x が 1 のところが谷底になって深さは -1，x が -1 のところで山頂になって高さは 3 であることが確認できます．ところで，$f(x)$ の **最大値** はいくらでしょうか．これは，x につ

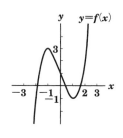

れて無限大にまで増大します．同じように **最小値** はマイナス無限大です．そこで，これらと混同しないように，谷底の値を **極小値**，山頂の値を **極大値** と呼ぶことになっています．また，極小値と極大値をひっくるめて極値と呼ぶこともあります．

5.7 偏　微　分　2つ以上の変数 x, y, … の関数 $f(x, y, \cdots)$ があるとき，そのうちの1つの変数，たとえば x だけに注目し，他の変数を定数とみなして x で微分することを，$f(x, y, \cdots)$ を x で偏微分するといいます．偏微分してできた関数を**偏導関数**といい，$\dfrac{\partial}{\partial x} f(x, y, \cdots)$, $\dfrac{\partial f}{\partial x}$, $f_x(x, y, \cdots)$, f_x などと書き表わします．

例題1　　$z = -x^2 + xy - y^2 + 2x + y$　　　　　　　　　(1)

という関数があります．$z(x, y)$ を x および y で偏微分してください．

答　まず，z を x で偏微分しましょう．y を定数とみなして x で微分すればいいのですから

$$\frac{\partial z}{\partial x} = -2x + y + 2$$

です．同じように y で偏微分すると

$$\frac{\partial z}{\partial y} = x - 2y + 1$$

となります．

例題2　実は，$z = -x^2 + xy - y^2 + 2x + y$ という方程式は，あんまんのような曲面を表わしているのですが，z が極大になるような x と y と，そのときの z の値を求めてください．

答　これは「5.6　極大と極小」の応用です．例題の方程式をグラフに描くと右図の上半分のようなダンゴ山になり，私たちが知りたいのは，このダンゴ山の頂上の位置です．頂上では，x 軸の方

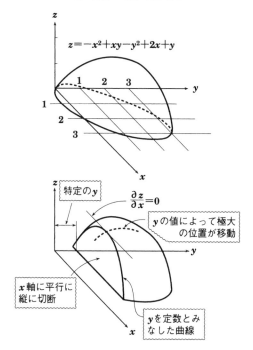

$$z = -x^2 + xy - y^2 + 2x + y$$

特定のy

$\dfrac{\partial z}{\partial x} = 0$

yの値によって極大の位置が移動

x軸に平行に縦に切断

yを定数とみなした曲線

向にも，y軸の方向にも傾きがゼロになっているはずですから，それを手掛りに山頂の位置を割り出していきましょう．

　まず，x軸に平行な方向の曲面の傾きを求めます．式(1)において，yを特定の定数とみなせば，その方程式は，特定のyのところを通ってx軸に平行に，ダンゴ山を縦に切断したときに現われる曲線の方程式そのものです．図の下半分のようにです．したがって，この曲線の極大の位置は，式(1)のyを定数とみなしてxで微分し，それをゼロに等しいとおけば求められるはずです．つまり

$$\frac{\partial z}{\partial x} = -2x + y + 2 = 0 \tag{2}$$

になるような x のところで，z が極大になっているにちがいありません．

そして，特定の y の値が変わると，極大の位置は図の破線上を移動することになります．

つぎに，y 軸に平行な方向の曲線の傾きを求めます．理屈は x 軸に平行な方向の場合と同じです．y 軸に平行にダンゴ山を縦切りして現われる曲線を偏微分し，それがゼロになるような，つまり

$$\frac{\partial z}{\partial y} = x - 2y + 1 = 0 \tag{3}$$

が成立するような y のところで，y が極大になっているはずです．そして，x を変化させながら極大の位置を連ねると，図中の破線と直角に交わる新しい破線が現われるにちがいありません．

さて，ダンゴ山の頂上，すなわち z が極大になる位置では，x 軸方向から見ても，y 軸方向から見ても，傾きがゼロになっているはずでした．したがって，その位置では，式(2)と式(3)が同時に成立していなければなりません．ですから，その位置は，この両式を連立して解けば求められます．連立して解くと，だれがやっても

$$x = \frac{5}{3}, \ y = \frac{4}{3}$$

となり，これを式(1)に代入して z を計算すれば

$$z = \frac{7}{3}$$

が求まります．これが式(1)の極大の値です．もっとも，これが極小ではなく極大の値であると判定するには，つぎの公式が必要です．

関連する公式　　関数 $z = f(x, y)$ について

$$\begin{cases} f_x = 0 \\ f_y = 0 \end{cases} \text{を解いて} \quad \begin{cases} x = a \\ y = b \end{cases} \text{が求まったとき}$$

$f_{xx}f_{yy} - f_{xy}^2 > 0$ なら $\begin{cases} f_{xx} < 0 \text{ のとき } f(a, b) \text{ は極大値} \\ f_{xx} > 0 \text{ のとき } f(a, b) \text{ は極小値} \end{cases}$

$f_{xx}f_{yy} - f_{xy}^2 < 0$ なら　$f(a, b)$ は極値ではありません.

$f_{xx}f_{yy} - f_{xy}^2 = 0$ なら　これだけでは判定できません.

ここで, f_{xx} は x で2回つづけて偏微分したものを, f_{yy} は y で2回つづけて偏微分したものを, f_{xy} は1回めは x で偏微分し, 2回めは y で偏微分したものを表わします*.

参　考　　(1)　f_{xx} は $\dfrac{\partial^2}{\partial x^2}f(x, y)$, $\dfrac{\partial^2 f}{\partial x^2}$, $\dfrac{\partial^2 z}{\partial x^2}$ などとも書きますし, また, f_{xy} は $\dfrac{\partial^2}{\partial x \partial y}f(x, y)$, $\dfrac{\partial^2 f}{\partial x \partial y}$, $\dfrac{\partial^2 z}{\partial x \partial y}$ などとも書きます.

(2)　実生活の中では, 利益や効果を最大にするとかコストを最小にするなどの目的で, 極大や極小を追求することが少なくありません. そういうときには, 前項やこの項の考え方で極大や極小を求めることになります. もっとも, そのような場合には, 極大なのか極小なのかを事前に承知しているので, $f_x = 0$ と $f_y = 0$ を連立して解くだけで, 目的を達することが多いように思います.

(3)　偏微分を利用して誤差を最小にする応用例に, 「7.9　回帰」の項で対面することになります.

―――――――――――――

*　極大極小の判別法の理由については『微積分のはなし(下)【改訂版】』, 218ページを見ていただけると助かります.

5.8 積　　分　2つの関数 $F(x)$ と $f(x)$ の間に

$$\frac{dF(x)}{dx} = f(x) \tag{1}$$

の関係があるとき，与えられた $f(x)$ のほうから $F(x)$ を求める操作を**積分**といい

$$\int f(x)dx = F(x) \tag{2}$$

と書きます．この $F(x)$ を，関数 $f(x)$ の**原始関数**といいます．

補足説明　「$f(x)$ のほうから $F(x)$ を求める操作を積分といい」と書きましたが，実は，積分には**定積分**と**不定積分**の2通りがあります．この両者には，5.12項でご紹介するように密接な関係がありますが，この項の公式(2)は不定積分を表わしていると考えてください．その理由は，つぎのとおりです．

$$\frac{d}{dx}F(x) = f(x) \qquad \text{(1)と同じ}$$

が成り立つなら，定数 c を微分すればゼロになりますから

$$\frac{d}{dx}\{F(x)+C\} = f(x) \tag{3}$$

も成り立つはずです．それなら

$$\int f(x)dx = F(x)+C \tag{4}$$

であり，C はどのような値でもかまわない任意の定数ですから，答えとしては無数にあることになります．こういう事情があるので，公式(2)の操作を不定積分というわけです．

　なお，式(4)の C は**積分定数**といわれ，不定積分には必ずつきまとう正体が不確定な定数なのですが，まちがえる心配がないときには，省略することも少なくありません．公式(2)では，積分定数が省略してありました．

　⬡**例題 1**　 $\cos x$ を x で積分してください．

　⬡**答**　148 ページの公式(5)によると

$$\frac{d}{dx}\sin x = \cos x$$

でした．したがって

$$\int \cos x\, dx = \sin x + C \ (\text{省略することもある})$$

となるにちがいありません．

　⬡**例題 2**　 x^n を積分してください．

　⬡**答**　148 ページの公式(1)によると

$$\frac{d}{dx}x^n = nx^{n-1}$$

でした．この n を $n+1$ に書き換えると

$$\frac{d}{dx}x^{n+1} = (n+1)x^n$$

したがって

$$\frac{d}{dx}\frac{x^{n+1}}{n+1} = x^n$$

ですから，

$$\int x^n\, dx = \frac{1}{n+1}x^{n+1} + C \ (\text{省略することもある})$$

ということになります．

5.9　基本的な関数の積分

与えられた関数　$\xrightarrow{\text{積分}}$　原始関数

$$x^n \qquad \frac{1}{n+1}x^{n+1} \quad (n \neq -1) \quad (1)$$

$$\frac{1}{x} \qquad \log_e x \qquad (2)$$

$$e^x \qquad e^x \qquad (3)$$

$$a^x \qquad \frac{a^x}{\log a} \quad (a>0, a\neq 1) \quad (4)$$

$$\sin x \qquad -\cos x \qquad (5)$$

$$\cos x \qquad \sin x \qquad (6)$$

$$\tan x \qquad -\log|\cos x| \qquad (7)$$

$$\cot x \qquad \log|\sin x| \qquad (8)$$

$$\sec^2 x \qquad \tan x \qquad (9)$$

$$\operatorname{cosec}^2 x \qquad -\cot x \qquad (10)$$

$$\frac{1}{a^2+x^2} \qquad \frac{1}{a}\tan^{-1}\frac{x}{a} \quad (a\neq 0) \quad (11)$$

$$\frac{1}{x^2-a^2} \qquad \frac{1}{2a}\log\left|\frac{x-a}{x+a}\right| \quad (a\neq 0) \quad (12)$$

$$\frac{1}{\sqrt{a^2-x^2}} \qquad \sin^{-1}\frac{x}{a} \quad (a>0) \quad (13)$$

$$\frac{1}{\sqrt{x^2+a}} \qquad \log|x+\sqrt{x^2+a}| \quad (a\neq 0) \quad (14)$$

関連する公式——その1

$$\int kf(x)dx = k\int f(x)dx \qquad (15)$$

関連する公式──その2

$$\int\{f(x)\pm g(x)\}dx=\int f(x)dx\pm\int g(x)dx \tag{16}$$

例題1 $\int \dfrac{2}{x^4}dx$ を求めてください（積分定数は省略して結構です．以下，同じ）

答
$$\int \frac{2}{x^4}dx=2\int x^{-4}dx$$
$$=\frac{2}{-4+1}x^{-4+1}=-\frac{2}{3}x^{-3}$$

例題2 $\int \dfrac{(\sqrt{x}-1)^2}{x}dx$ を求めてください．

答
$$\int \frac{(\sqrt{x}-1)^2}{x}dx=\int \frac{x-2\sqrt{x}+1}{x}dx$$
$$=\int\left(1-\frac{2}{\sqrt{x}}+\frac{1}{x}\right)dx=x-4\sqrt{x}+\log|x|$$

参考　（1）公式が成り立つ理由については省略します．公式の中には，$F(x)$ を微分すると $f(x)$ になることを示して証明できるものも少なくありませんが，この本のレベルを超えるものも含まれていますので……．

（2）例題では積分定数を省略しましたが，テストの答案を書くときには，律気に書き加えておくほうが無難です．

（3）電卓のキーでは，常用対数を [log] で，自然対数を [ln] で表わすのがふつう（12ページ）ですが，数学の運算では，単に $\log x$ などと書いてあれば $\log_e x$（自然対数）とみなすのが原則です．次項以降では，単に log と書いてあれば自然対数だと思ってください．

5.10 積の積分（部分積分法）と商の積分

$$\int f(x)g'(x)dx = f(x)g(x) - \int f'(x)g(x)dx \qquad (1)$$

$$\int \frac{f'(x)}{f(x)}dx = \log|f(x)| \qquad (2)$$

公式(1)のほうを見てください．私たちは，関数の積を積分する公式を知りたいのですから，$\int f(x)g(x)dx = \cdots$ という形の公式が欲しいのです．それにもかかわらず，公式(1)の左辺では $f(x)$ と $g'(x)$ の積を積分しているし，右辺では $f'(x)$ と $g(x)$ の積を積分しています．ずいぶん使い勝手が悪そうですが，実は見かけによらず……，まぁ，つぎの例題を見てください．

例題1　$\int x\log x\,dx$ を求めてください．

答　微分したら $x\log x$ になるような原始関数を見つけたいのですが，どの公式集を見ても，このままでは原始関数は見つかりません．そこで

$$x = g'(x) \qquad \log x = f(x)$$

とみなしましょう．x を積分するのは簡単ですし，$\log x$ を微分するのも容易で

$$g(x) = \frac{1}{2}x^2, \quad f'(x) = \frac{1}{x}$$

となるからです．これらの関係を公式(1)に入れてやると

$$\int x\log x\,dx = \frac{x^2}{2}\log x - \int \frac{x^2}{2}\frac{1}{x}dx$$

$$= \frac{x^2}{2} \log x - \int \frac{x}{2} dx = \frac{x^2}{2} \log x - \frac{x^2}{4}$$

が求まります。（積分定数は省略しました——以下，同様）

例題2 $\int \log x \, dx$ を求めてください。$\log x$ は単純な関数なのに，ヒントなしには容易に積分できません。ヒントは，もちろん公式(1)の活用です。

答　　$\log x$ を $\log x \times 1$ と考えてみましょう。つまり

$$f(x) = \log x, \quad g'(x) = 1$$

とみなします。そうすると

$$f'(x) = \frac{1}{x}, \quad g(x) = x$$

ですから，たちまち公式(1)が活用できます

$$\int \log x \, dx = x \log x - \int \frac{x}{x} dx$$

$$= x \log x - x$$

となりました。まるで手品のようではありませんか。

例題3 $\int x^2 e^x dx$ を求めてください。e^x は微分しても積分しても e^x ですから始末のいい関数ですが，そこにへばりついている x^2 が目ざわりです。そこでヒントとしては，公式(1)を利用して，x^2 の次数を2次から1次，ゼロ次へと下げていきましょう。

答　　まず，$f(x) = x^2$，$g'(x) = e^x$ とおきます。そうすると $f'(x) = 2x$，$g(x) = e^x$ ですから公式(1)によって

$$\int x^2 e^x dx = x^2 e^x - 2 \int x e^x dx$$

ここで，右辺の第2項について，$f(x) = x$，$g'(x) = e^x$ とおき直すと，$f'(x) = 1$，$g(x) = e^x$ ですから，もういちど公式(1)を適用すると

$$\int x^2 e^x dx = x^2 e^x - 2\left\{ xe^x - \int e^x dx \right\}$$

$$= x^2 e^x - 2xe^x + 2e^x$$

$$= e^x(x^2 - 2x + 2)$$

が求まりました．この場合のように，公式(1)を1回使うごとに関数の複雑さを1段ずつ格下げしていき，なし崩しに積分を完了してしまうようなとき，公式(1)は抜群の威力を発揮します．

なお，例題1〜例題3のように，公式(1)を利用した積分の仕方は**部分積分法**と呼ばれています．

[例題4] $\int \dfrac{x}{x^2+1} dx$ を求めてください．こんどは，公式(2)を使えるように式の形を変えるのがコツです．

[答] $f(x) = x^2 + 1$ とすれば $f'(x) = 2x$ ですから，問題の分子を $2x$ に変えれば公式(2)が使えるはずです．

$$\int \frac{x}{x^2+1} dx = \frac{1}{2} \int \frac{2x}{x^2+1} dx$$

あとは，公式(2)によって

$$= \frac{1}{2} \log |x^2+1|$$

と求まりました．

[例題5] $\int \dfrac{6x^2+x-17}{x^3-7x-6} dx$ を求めてください．

[答] このような分数式を積分するときの常套手段は，部分分数に分解して，公式(2)を使える形にすることです．この分数式が，どのような部分分数に分解されるかについては，28ページの例題でご紹介ずみですから，その結果を借用すると

$$\int \frac{6x^2 + x - 17}{x^3 - 7x - 6}\,dx = \int \left(\frac{3}{x+1} + \frac{1}{x+2} + \frac{2}{x-3} \right) dx$$

$$= 3\int \frac{1}{x+1}\,dx + \int \frac{1}{x+2}\,dx + 2\int \frac{1}{x-3}\,dx$$

$$= 3\log(x+1) + \log(x+2) + 2\log(x-3)$$

と流れるように積分が完了します.

公式(1)と(2)の由来　　150 ページの公式(3)に

$$\frac{d}{dx}(fg) = g\frac{df}{dx} + f\frac{dg}{dx}$$

というのがありました. f や g を $f(x)$, $g(x)$ とていねいに書き直すとともに, 両辺を積分すれば

$$f(x)g(x) = \int f'(x)g(x)dx + \int f(x)g'(x)dx$$

ですから, 移項すれば

$$\int f(x)g'(x)dx = f(x)g(x) - \int f'(x)g(x)dx \qquad \text{(1) と同じ}$$

になります. また, 158 ページの公式(5)に

$$\frac{d}{dx}\log f(x) = \frac{f'(x)}{f(x)}$$

というのがありました. 公式(2)は, この両辺を積分したものにすぎません.

言い訳　　$\log f(x)$ と書くときには, 暗黙のうちに $f(x)$ が正の値であるとみなしています. 負になる場合も含めるなら, $\log |f(x)|$ と書くのがほんとうです.

> **5.11 置換積分法** $\int f(x)dx$ において, $x=g(t)$ として
> 変数を t に換えれば
>
> $$\int f(x)dx = \int f\{g(t)\}g'(t)dt \qquad (1)$$
>
> として積分することもできます. この方法を**置換積分法**とい
> います.

この公式のままでは, なんのことやら, さっぱりわからず, 熱が
出てきて, おまけにコムラガエリを起こしそうですが, しかし, 案
ずるより生むが易し, です. その証拠に, いくつかの例題を見てい
ただきましょう.

$\boxed{\text{例題 1}}$ $\int (x+1)^{100}dx$ を計算してください.

$\boxed{\text{答}}$ $(x+1)^{100}$ を二項展開(24 ページ)して長い長い式を作り,
各項をひとつひとつ積分するなど, バカげています. そこで, 置換
積分法の出番です.

$\qquad x+1=t$

とおきましょう. そうすると

$\qquad x=t-1 \qquad$ (これが, $x=g(t)$ です)

ですから

$\qquad \dfrac{dx}{dt}=1 \qquad$ (これが $g'(t)$ です)

となります. そこで, これらの値を, 公式(1)に代入して計算を実行
すると

$$\int (x+1)^{100}dx = \int t^{100} \times 1 \times dt$$

$$= \int t^{100}dt = \frac{1}{101}t^{101} = \frac{1}{101}(x+1)^{101}$$

という次第です.（積分定数は省略しました.以下,同様）

例題1 $\int (ax+b)^5 dx$ を計算しましょう.

答 $ax+b=t$ とおけば

$$x = \frac{t-b}{a} \qquad \therefore \quad \frac{dx}{dt} = \frac{1}{a} \qquad\qquad ⑦$$

したがって

$$\int (ax+b)^5 dx = \int t^5 \frac{1}{a}dt$$

$$= \frac{1}{6a}t^6 = \frac{1}{6a}(ax+b)^6$$

なお,⑦のところは,$ax+b=t$ の両辺を x で微分して

$$a = \frac{dt}{dx} \qquad \therefore \quad dx = \frac{1}{a}dt$$

というように dx を求め

$$\int (ax+b)^5 dx = \int t^5 \frac{1}{a}dt$$

としても,かまいません.

例題3 毛色の変わった積分に移ります.こんどは $\int \sin 3x \, dx$ を求めてください.

答 $3x=t$ とおきましょう.両辺を x で微分すれば

$$3 = \frac{dt}{dx} \qquad \therefore \quad dx = \frac{1}{3}dt$$

したがって

$$\int \sin 3x\, dx = \int \sin t \cdot \frac{1}{3} dt$$

$$= -\frac{1}{3}\cos t = -\frac{1}{3}\cos 3x$$

[例題 4]　ちょっとむずかしくなります．こんどは $\int x\sqrt{1-x}\,dx$ に

挑戦してください．

[答]　$1-x=t$ とおきます．そうすると

$$x = 1-t \quad また \quad \frac{dx}{dt} = -1 \quad \therefore \quad dx = -dt$$

の関係がありますから

$$\int x\sqrt{1-x}\,dx = \int (1-t)t^{\frac{1}{2}}(-1)dt$$

$$= \int (t^{\frac{3}{2}} - t^{\frac{1}{2}})dt = \frac{2}{5}t^{\frac{5}{2}} - \frac{2}{3}t^{\frac{3}{2}}$$

$$= \frac{2}{5}(1-x)^{\frac{5}{2}} - \frac{2}{3}(1-x)^{\frac{3}{2}}$$

[例題 5]　最後の例題は $\int \dfrac{x}{\sqrt{x^2-1}}\,dx$ です．

[答]　お察しのとおり $x^2-1=t$ とおきます．そうすると

$$\frac{dt}{dx} = 2x \quad \therefore \quad 2x\,dx = dt$$

したがって

$$\int \frac{x}{\sqrt{x^2-1}}\,dx = \frac{1}{2}\int \frac{1}{\sqrt{x^2-1}}2x\,dx$$

$$= \frac{1}{2}\int t^{-\frac{1}{2}}dt = t^{\frac{1}{2}} = \sqrt{x^2-1}$$

ずいぶん調子よく積分できてしましました．

公式(1)の性格　これは，公式というよりは，積分のための１つ

の手順を示したものにすぎません．例題に見るように，その手順は
積分しやすいような関数形になるように変数を置き換えるだけです
から，これ以上の補足は必要ないでしょう．

参　考　　例題4はxと$\sqrt{1-x}$の積の積分でした．そこで，前
項でご紹介した部分積分法が役に立つのではないかと思って試して
みても，うまくいきません．部分積分法を強行してみても，結局は
置換積分法を使うはめになります．また，例題5は分数式ですが，
部分分数に分解できず，$f'(x)/f(x)$の形に持ち込めないので，前項
の「商の積分」が使えません．そういうときに役立つのが置換積分
法です．置換積分法は万能というわけにはいきませんが，もっとも
有力な積分手段といえるでしょう．

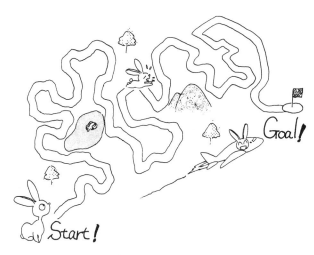

より簡単な方法で…

5.12 不定積分と定積分

$F(x) = \int f(x)dx$ のとき

$$\int_a^b f(x)dx = \left[F(x)\right]_a^b = F(b) - F(a) \qquad (1)$$

区間 $[a,\ b]$ で $f(x) \geqq 0$ のとき，$y = f(x)$ と x 軸に挟まれる部分の面積 S は

$$S = F(b) - F(a) \qquad (2)$$

なお

$$\int f(x)dx \ \text{を不定積分,} \ \int_a^b f(x)dx \ \text{を定積分}$$

といいます．

これらは公式というよりも，定義と考えるほうがいいでしょう．式(1)と式(2)は同じことを言っているのですが，式(2)のほうに面積という言葉が現われました．積分が面積を求める操作であることについては，あとで補足することにして，ここでは，式(2)の意味を図示してみようと思います．

図の上半分は不定積分，下半分は定積分の場合です．いずれも $f(x)$ の曲線と x 軸とに挟まれる面積を求める操作が積分なのですが，面積を勘定する範囲が異なります．不定積分では，右端が特定の値ではなく，変幻自在の変数 x です．そして，左端の位置をかりに c とすると，c から 0 までの区間に C（積分定数）だけの面積が囲まれています．

これに対して，定積分では b（定積分の**上端**といいます）と a（定積

分の**下端**といいます)とが意味をも
って与えられています. 0 から *b* ま
での区間に $F(b)$ の面積が囲まれ, 0
から *a* までの区間に $F(a)$ の面積が
囲まれているので, *a* から *b* までの
区間に囲まれる面積 *S* は

$$S = F(b) - F(a)$$

として確定されるというわけです.

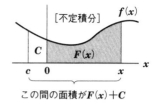

この間の面積が $F(x)+C$

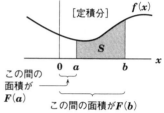

この間の
面積が $F(a)$

この間の面積が $F(b)$

例題1　$f(x) = x + 1$ であるとき,
その不定積分と, 上端を 4, 下端を 2
とする定積分を求めてください.

答　不定積分のほうは

$$\int (x+1)dx = \frac{1}{2}x^2 + x + C$$

という関数として求められるのに対して, 定積分のほうは

$$\int_2^4 (x+1)dx = \left[\frac{1}{2}x^2 + x\right]_2^4$$

$$= \left(\frac{1}{2} \times 4^2 + 4\right) - \left(\frac{1}{2} \times 2^2 + 2\right) = 8$$

という具体的な値になります.

例題2　正弦曲線(133 ページ)の 1 つの山の面積を計算してくだ
さい. ついでに, 山の高さの平均値も求めましょう.

答　山の面積 $= \int_0^\pi \sin \theta \, d\theta = \left[-\cos \theta\right]_0^\pi$

$$= -\cos \pi + \cos 0 = 1 + 1 = 2$$

山の高さの平均値 $= \dfrac{山の面積}{山の幅} = \dfrac{2}{\pi} \fallingdotseq 0.64$

　このように，曲線で囲まれた図形の面積や体積，あるいは速度や温度のように，連続して変化する値の平均値を求める場合には，定積分が欠かせません.

関連する公式

$$\int_a^a f(x)dx = 0 \tag{3}$$

$$\int_a^b f(x)dx = -\int_b^a f(x)dx \tag{4}$$

$$\int_a^b f(x)dx = \int_a^b f(t)dt \tag{5}$$

$$\int_a^b \{kf(x) + lg(x)\}dx = k\int_a^b f(x)dx + l\int_a^b g(x)dx \tag{6}$$

　　　　ここで，k と l は定数

$$\int_a^b f(x)dx = \int_a^c f(x)dx + \int_c^b f(x)dx \tag{7}$$

　これらの公式の意味と理由は，前ページの定積分の図から明らかと思いますが，多少の補足をさせていただきます.

　公式(4)は，x が b から a へ変化するときに生み出す面積が，a から b へ変化するときとは符号が逆転することを意味しています. しかし，図にはマイナスの面積を描くわけにはいきませんから，180ページの公式(1)に戻って考えてみます. そうすると

$$\int_a^b f(x)dx = F(b) - F(a) \quad \text{また} \quad \int_b^a f(x)dx = F(a) - F(b)$$

ですから，公式(4)に同意せざるを得ません.

　公式(7)については，c が a と b の間にあるときには，「a から b までの面積」が「a から c までの面積」と「c から b までの面積」を

加えたものであることはあたり前です．c が a から b までの区間の外にあるときには，公式(4)の意味を含めて考えてください．

参　考　積分が面積を求める操作であることについて補足するとともに，微分と積分の関係についても確認しておきましょう．図の下半分は，原始関数 $F(x)$ のグラフで，上半分はそれを微分してできる関数 $f(x)$ であると思ってください．つまり

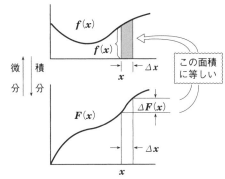

$$\frac{dF(x)}{dx} = f(x)$$

なのですが，dx などは小さすぎて図に書けないので

$$\frac{\Delta F(x)}{\Delta x} \fallingdotseq f(x)$$

と考えていただくのです．そうすると，$F(x)$ の増加ぶんの ΔF は，この式によって $f(x)\Delta x$ であるはずです．ところが，$f(x)\Delta x$ は，図に薄ずみを塗った部分の面積とほぼ等しいではありませんか．だから，$f(x)$ から $F(x)$ を求める積分は面積を求める操作といえるわけです．なお，この図から

$$\boxed{f(x)} \quad \overset{\text{積分（面積を求める）}\longrightarrow}{\underset{\longleftarrow\text{微分（傾きを求める）}}{}} \quad \boxed{F(x)}$$

という関係にあることが見てとれます．

5.13 微分方程式 x の関数 y について，その導関数 y', y'', $\cdots$, $y^{(n)}$ を含む方程式

$$F(x, y, y', y'', \cdots, y^{(n)}) = 0 \tag{1}$$

を**微分方程式**といい，$y = f(x)$, $y' = f'(x)$, $y'' = f''(x)$, $\cdots$, $y^{(n)} = f^{(n)}(x)$ を(1)に代入するとき(1)が成立するような

$$y = f(x) \tag{2}$$

を微分方程式(1)の**解**といいます．このような $y = f(x)$ を見つけることを微分方程式を**解く**といいます．

例 題 $\dfrac{dy}{dx} - ky = 0$ を解いてください．

答 与えられた式を変形します．

$$\frac{dy}{y} = kdx$$

この両辺を積分します

$$\int \frac{dy}{y} = \int kdx$$

積分を実行すると

$$\log y + C_1 = kx + C_2$$

積分定数が2つもあって煩わしいので，$C_2 - C_1 = C$ とまとめます．

$$\log y = kx + C$$

$$\therefore \quad y = e^{kx+c} = e^c \cdot e^{kx} \tag{a}$$

ここで e^c は定数ですが，かりに，$x = 0$ のときに $y = A$ であるという初期条件があるなら，この関係を式(a)に入れてみると $e^c = A$ ですから

$$y = Ae^{kx} \qquad\qquad\qquad (b)$$

という解に到達します.

参 考 (1) いまの例題で x の代りに時間を表わす t を使い

$$\frac{dy}{dt} = ky$$

とすると,これは量の変化 (dy/dt) が現在量 (y) に正比例する現象,たとえば,細菌の増殖,細胞分裂,複利による元利合計の増加など,多くの自然現象や社会現象をシミュレートする微分方程式となります.

(2) いまの例題では,式(a)の積分定数を含んだままでした.このような解を**一般解**といいます.これに対して式(b)は,与えられた初期条件や境界条件によって積分定数を特定の値に直してあるので,このような解を**特殊解**といいます.

(3) 微分方程式には,1回だけ微分した導関数 y',2回だけ微分した導関数 y'',…などが含まれているのでした.こういうとき,y' は1階の導関数,y'' は2階の導関数,……というように呼びます.そして,微分方程式に含まれる導関数の最高の階数 n に着目して,その微分方程式は ***n* 階微分方程式**と呼ばれています.私たちの例題は1階微分方程式でした.

(4) 私たちの例題は,容易に解くことができました.けれどもそれは,1階の微分方程式で,しかし,y に関する項と x に関する項を左辺と右辺に分離することができる特別の場合だったからです.多くの微分方程式は,一般にもっとやっかいで,解くのにたいへんな苦労を強いられることが少なくありません.

5.14 テイラー級数とマクローリン級数

$$f(x) = f(a) + \frac{x-a}{1!}f'(a) + \frac{(x-a)^2}{2!}f''(a) + \cdots$$

$$+ \cdots + \frac{(x-a)^n}{n!}f^{(n)}(a) + \cdots \quad (1)$$

を**テイラー(Taylor)級数**といいます．この式で a を 0 とした

$$f(x) = f(0) + xf'(0) + \frac{x^2}{2!}f''(0) + \cdots + \frac{x^n}{n!}f^{(n)}(0) + \cdots$$

$$(2)$$

を**マクローリン(Maclaurin)級数**といいます．この式の $f(x)$
に具体的な関数を代入したものとしては

$$(1+x)^n = 1 + nx + \frac{n(n-1)}{2!}x^2$$

$$+ \frac{n(n-1)(n-2)}{3!}x^3 + \cdots \quad (3)$$

$$e^x = 1 + x + \frac{x^2}{2!} + \frac{x^3}{3!} + \cdots \quad (4)$$

$$\sin x = x - \frac{x^3}{3!} + \frac{x^5}{5!} - \frac{x^7}{7!} + \cdots \quad (5)$$

$$\cos x = 1 - \frac{x^2}{2!} + \frac{x^4}{4!} - \frac{x^6}{6!} + \cdots \quad (6)$$

などが利用価値も高く，有名です．

例題 $\sin 15°$ の値を求めてください．(128, 130 ページ関連)

答 15° は $\pi/12$ ですから，これを公式(5)に代入します．

$$\sin \frac{\pi}{12} = \frac{\pi}{12} - \frac{1}{3!}\left(\frac{\pi}{12}\right)^3 + \frac{1}{5!}\left(\frac{\pi}{12}\right)^5 - \frac{1}{7!}\left(\frac{\pi}{12}\right)^7 + \cdots$$

$$\fallingdotseq 0.26180 - 0.00299 + 0.00001 - 0.00000 + \cdots$$

$$\fallingdotseq 0.25882$$

$\sin 15°$ の正しい値は $0.2588190\cdots$ ですから，右辺の3項までで実用上じゅうぶんな精度で計算できていると認められます．

公式(1)などの由来　　ある関数 $f(x)$ の a における値 $f(a)$ を基準として，$f(x)$ の b における値 $f(b)$ を求めてみましょう．まず，$f(x)$ が増加傾向にあるのか減少傾向にあるかさえ不明なら

$$f(b) = f(a)$$

とみなすほかありません．しかし，$f(x)$ の a における傾き $f'(a)$ がわかるなら，そのままの傾きが b までつづくとして

$$f(b) = f(a) + (b-a)f'(a)$$

とみなすのが当然です．さらに，$f(x)$ の a における傾きの変化率 $f''(a)$ がわかるなら

$$f(b) = f(a) + \int_a^b \{f'(a) + (x-a)f''(a)\}dx$$

$$= f(a) + (b-a)f'(a) + \frac{(b-a)^2}{2}f''(a)$$

と考えるのが当を得ています．さらに，$f'''(a)$ がわかるなら，$f^{(4)}(a)$ がわかるなら……と思考を進めていけば，公式(1)に到達するでしょう．そして，公式(1)の a を0とすると公式(2)が誕生し，その $f(x)$ に $(1+x)^n$，e^x などの関数を代入すれば，公式(3)～(6)などになる，というわけです*.

---

*　公式(1)の由来については，『微積分のはなし(下)【改訂版】』，187ページに，たっぷりと紙面をいただいて書き下してあります．

　「坊さんのロバ」という話があります. ——3 人の息子の父親が死んだ. 遺産はロバ 17 匹, 長男は 1/2, 次男は 1/3, 三男は 1/9 を受け取るようにと遺言を残していた. 17 は 2 でも 3 でも 9 でも割り切れないので困っているところへ, 1 匹のロバを連れた坊さんが通りかかり, 息子たちの悩みを聞いた. 坊さんは遺産のロバに自分のロバを加えて 18 匹とし, 長男に 9 匹次男に 6 匹, 三男に 2 匹を与え, 残った 1 匹を連れて立ち去った——.

　この本の 151 ページで, $f(x)g(x)$ を引くと同時に $f(x)g(x)$ を加えるという奇妙な操作をすることによって, 運算が見事に進んだことがありました. 実は, このような操作は数学の運算ではしばしば行なわれるのですが, このような操作をある本で紹介したところ, 高 3 の女子生徒から,「数学でもこういうことをするのだなぁと人生に新しい目が開けた思いです.」というお手紙をいただきました. 嬉しいではありませんか.

6. 集合と論理の勘所

―― 三段論法が正しいわけ ――

集合論は，実は，性格の違うさまざまな
テーマが雑居している数学全体を，整然と
体系づけるという使命を担っています．け
れども，ここではそんなに力む必要はあり
ません．

　互いにからみ合っている事柄どうしが，
どの部分で重複していて，どこは無関係な
のかを整理して理解するには，集合の考え
方がもってこいです．それは確率計算など
にとても役立つ，と考えておきましょう．
そして，論理は言葉で表わされる事実を集
合論的に扱うもので，コンピュータに論理
を計算させれば人工知能にもなる，くらい
に思って，この章を読んでください．

6.1 集 合 の 性 質

- ある条件をみたすものの集まりを**集合**といいます.

- 集合に属しているものを**要素**または**元**といいます.

- 要素 a が集合 A に属していることを $a \in A$ と表示します.

- 集合の表わし方としては, つぎの 2 つが代表的です.

    (1) 要素をぜんぶ列挙する. たとえば

       集合 $A = \{2, 4, 6, 8, 10\}$

    (2) 条件を示す. たとえば

       集合 A＝正で 10 以下の偶数の集合

       集合 $A = \{x | x$ は正で 10 以下の偶数$\}$

- 有限個の要素をもつ集合を**有限集合**, 無限の要素をもつ集合を**無限集合**といいます.

- 集合を扱っているとき, そこで扱っている対象の全体を**全体集合**といい, ふつう U で表わします.

- 要素がない集合を**空集合**といい, ふつう ϕ で表わします.

- 2 つの集合 A と B があるとき, A の要素のすべてが B にも属しているとき, すなわち, $x \in A$ ならば $x \in B$ であるとき, A は B の**部分集合**であるといい, $A \subset B$ と書きます ($A \subseteqq B$ とすることもあります). このとき, 「A は B に含まれる」または「B は A を含む」といいます. また, $A \subset B$ で, かつ, $B \subset C$ ならば, $A \subset C$ です.

- A の要素がすべて B の要素であり, B の要素がすべて A の要素であるとき, すなわち, $A \subseteqq B$ であると同時に $B \subseteqq A$ であるとき, A と B とは**等しい**といい, $A = B$ と書きま

す.

- $A \subset B$ であり，かつ，$A \neq B$ のとき，A は B の**真部分集合**
  であるといわれます.
- 空集合は，すべての集合の部分集合とみなします. すなわ
  ち，つねに $\phi \subset A$ です.
- 全体集合 U の要素で A に含まれないものの集合を A の**補
  集合**といい，$\overline{A}$ または A^c で表わします. 補集合には
  $$\overline{\overline{A}} = A, \quad \overline{U} = \phi, \quad \overline{\phi} = U$$
  などの性質があります.

補　足　右図のように，長方形や円
などを使って集合どうしの包含関係を示
したものを，考案者であるジョン・ベン

の名をとって，**ベン図**と呼んでいます. 図の左半分は A と $\overline{A}$ の関
係を，右半分は $B \subset A$ の関係を示しています. なお，長方形や円な
どの相対的な大きさは，集合に含まれる要素の個数などにかかわら
ず，気にする必要はありません.

例　題　$A = \{x | 0 < x < 10\}$，$B = \{2,\ 4,\ 6,\ 8\}$，$C = \{x | 1 < x < 7\}$，
$D = \{x | x$ は 0 以上の数字$\}$ であるとき，B，C，D のうち A に含ま
れない集合はどれでしょうか.

答　D だけです. あとは，$B \subset A$，$C \subset A$ です.

参　考　集合の要素は 1 種類ごとに 1 個だけとします. $A\{1,\ 2,\ 2,\ 3\}$ という表示は許されず，$A\{1,\ 2,\ 3\}$ とするようにです.

6.2 共通部分と和集合

共通部分 2つの集合 A と B のどちらにも属している要素全体の集合を**共通部分**(または**交わり**)といい,$A \cap B$ で表わします.すなわち,$A \cap B = \{x | x \in A,$ かつ,$x \in B\}$ です.

和集合 2つの集合 A と B の,少なくともいっぽうに属している要素全体の集合を**和集合**(または**結び**)といい,$A \cup B$ で表わします.すなわち,$A \cup B = \{x | x \in A,$ または,$x \in B\}$ です.

$A \cap B$

$A \cup B$

演算法則

$$\left.\begin{array}{l} A \cap B = B \cap A \\ A \cup B = B \cup A \end{array}\right\} \text{(交換法則)} \quad \begin{array}{l}(1)\\(2)\end{array}$$

$$\left.\begin{array}{l} A \cap (B \cap C) = (A \cap B) \cap C \\ A \cup (B \cup C) = (A \cup B) \cup C \end{array}\right\} \text{(結合法則)} \quad \begin{array}{l}(3)\\(4)\end{array}$$

$$\left.\begin{array}{l} A \cap (B \cup C) = (A \cap B) \cup (A \cap C) \\ A \cup (B \cap C) = (A \cup B) \cap (A \cup C) \end{array}\right\} \text{(分配法則)} \quad \begin{array}{l}(5)\\(6)\end{array}$$

$$A \cap A = A \qquad\qquad\qquad (7)$$

$$A \cup A = A \qquad\qquad\qquad (8)$$

$$A \cap (A \cup B) = A \qquad\qquad (9)$$

$$A \cup (A \cap B) = A \qquad\qquad (10)$$

$$A \cap U = A \qquad\qquad\qquad (11)$$

$$A \cup U = U \qquad\qquad\qquad (12)$$

$$A \cap \phi = \phi \qquad\qquad\qquad (13)$$

$$A \cup \phi = A \qquad\qquad\qquad (14)$$

例題1 2組の対辺どうしが平行な四角形が平行四辺形, そのうち, 4つの角が等しいものが長方形, 4つの辺が等しいものがひし形, 4つの角も辺も等しいものが正方形でした(66ページ). 平行四辺形, 長方形, ひし形, 正方形の各集合の包含関係をベン図で示してください.

答 右図のようになるでしょう. 長方形, ひし形, 正方形の集合はすべて平行四辺形の集合に含まれているし, また

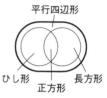

    長方形の集合 ∩ ひし形の集合

    ＝ 正方形の集合

だからです.

例題2 $A \cap (B \cup C) = (A \cap B) \cup (A \cap C)$ ((5)と同じ)の関係をベン図を使って証明してください.

答

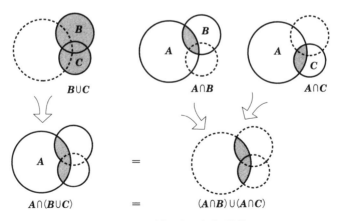

∩の∪に対する分配法則の証明

なお，他の公式もすべて同様に証明できますから，各人で塗り絵を楽しんでみてください.

関連する公式　　$\overline{A \cap B} = \overline{A} \cup \overline{B}$　　　　　　　(15)

$\overline{A \cup B} = \overline{A} \cap \overline{B}$　　　　　　　(16)

つまり，A と B をまとめて ‾ を付ける場合と，A と B のそれぞれに ‾ を付ける場合とでは，∩ と ∪ が逆転するというわけです．この両式は**ド・モルガンの法則**と呼ばれて有名です．有名ではありますが，たとえば公式(15)のほうの「A 大学と B 大学の両方に合格」を否定すると「A 大学と B 大学の少なくともいっぽうには不合格」というだけの話ですから，格別むずかしいことを言っているわけではありません．またド・モルガンの法則は

$$\overline{A \cap B \cap C} = \overline{A} \cup \overline{B} \cup \overline{C} \qquad (17)$$

のように，3つ以上の集合についても成立します.

念のために，公式(15)をベン図で証明しておきましょう.

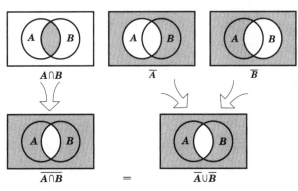

例題3　番号1から9までの9名が「A 大学か B 大学の少なくと

も1校には合格したい」という悲願に燃えて受験戦争に挑んだところ，結果は，つぎのとおりでした．悲願を達成できなかったのは2と8でした．AとBの両方に合格したのは4と6です．Aに合格してBに落ちたのは1と5と9です．では，Bに合格したのは，だれとだれでしょう？

> **答**　　A大学に合格した人の集合をA，B大学に合格した人の集合をBとしましょう．そうすると，題意は

$$\left.\begin{array}{l} \overline{A \cup B} = \{2,\ 8\} \\ A \cap B = \{4,\ 6\} \\ A \cap \overline{B} = \{1,\ 5,\ 9\} \end{array}\right\}\text{のとき}\quad B\text{の要素はなになにか？}$$

ということになります．一般に，AとBを含む全集合Uは，図を見ていただけば，$A \cap B$，$A \cap \overline{B}$，$\overline{A} \cap B$，$\overline{A} \cap \overline{B}$ の4つに区分されていることがわかります．私たちの例題では

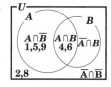

$$\overline{A \cup B} = \overline{A} \cap \overline{B} = \{2,\ 8\} \quad\text{（ド・モルガンの法則）}$$

$$A \cap B = \{4,\ 6\},\ A \cap \overline{B} = \{1,\ 5,\ 9\}$$

ですから，残った3と7が$\overline{A} \cap B$に属しているはずです．Bの要素は$\overline{A} \cap B$と$A \cap B$とを加えたものですから

$$B = \{3,\ 4,\ 6,\ 7\}$$

が答えです．ややこしいですね．

参考　　集合の$\cap$と$\cup$は，ふつうの数の×と＋によく似た性質をもっています．どのくらいよく似ているかを254ページの付録(5)にまとめてありますが，なんと，$\cap$と$\cup$のほうの規則性のほうが上等なくらいです．

6.3 要素の個数　有限集合 A, B, C のそれぞれの要素の個数を $n(A)$, $n(B)$, $n(C)$ とすれば,

$$n(A \cup B) = n(A) + n(B) - n(A \cap B) \tag{1}$$

とくに　$A \cap B = \phi$ のときには

$$n(A \cup B) = n(A) + n(B) \tag{2}$$

$$n(A \cup B \cup C) = n(A) + n(B) + n(C)$$
$$- n(A \cap B) - n(B \cap C) - n(C \cap A) + n(A \cap B \cap C) \tag{3}$$

とくに　$A \cap B = B \cap C = C \cap A = \phi$ のときには

$$n(A \cup B \cup C) = n(A) + n(B) + n(C) \tag{4}$$

全体集合 U が有限集合であれば

$$n(\overline{A}) = n(U) - n(A) \tag{5}$$

$$n(\overline{A} \cap \overline{B}) = n(\overline{A \cup B}) = n(U) - n(A \cup B) \tag{6}$$

公式の由来　　いちばん上の図は, $n(A)=6$, $n(B)=5$ の場合を実例にして, 公式(1)を図解したものです. このように, A と B とに共通部分(交わり)があるときに

$$n(A \cup B) = n(A) + n(B)$$

とするだけでは, $A \cap B$ に含まれる要素の数をダブル・カウントしてしまいます. そこで, $n(A \cap B)$ を差し引いてダブル・カウントのぶんを修正する必要がある, というわけです. 図の例では

$$n(A \cup B) = n(A) + n(B) - n(A \cap B) = 6 + 5 - 2 = 9$$

という勘定になっています. そして, もし $A \cap B = 0$ なら, $n(A \cap$

$B)=0$ ですから，ダブル・カウントの心配がないので，公式(2)でいい，ということになります．

$A \cap B$

公式(**1**)の例

2番めの図は，$n(A)=10$，$n(B)=7$，$n(C)=7$ の場合を実例として公式(3)を図解したものですが，こんどはやや複雑です．ダブル・カウント対策として $n(A \cap B)$ と $n(B \cap C)$ と $n(C \cap A)$ を差し引いたのでは，$n(A \cap B \cap C)$ のぶんを3回カウントして3回差し引くことになり，引きすぎです．そこで，1回だけ戻してやらなければなりません．公式(3)は，それを物語っています．図の例では

公式(**3**)の例

$$n(A \cup B \cup C)=10+7+7-3-2-4+1=16$$

であることを確かめてください．A，B，C の間に共通部分がなければ，公式(4)ですむことは言うに及ばないでしょう．

公式(**5**)の例

公式(5)と(6)についても，同様に，図の例で確かめていただければ，と期待いたします．

公式(**6**)の例

例題　52枚のトランプのうち

　　　　♥集合 ∪ キング集合

に属するカードはなん枚でしょうか．

答　♥集合を H，キング集合を K と書くと

$$n(H \cup K)=n(H)+n(K)-n(H \cap K)$$
$$=13+4-1=16(枚)$$

引き算した1枚は，♥のキングをダブル・カウントしたぶんです．

6.4 論理の命題

• 主語と述語を備え，きちんとした意味をもっていて，その真偽（しんぎ）が明らかなものを**命題**といいます．たとえば

「私は人である」，「3−1＝1」

• 単一の命題を**単純命題**（または**基本命題**）といい，p，q，rなどの文字で表わすのがふつうです．たとえば

「私は人である」$＝p$，「3−1＝1」$＝q$

• 命題の真偽を表示するには，**真**を 1（または T），**偽**を 0（または F）などで示します．たとえば

$p＝1$，$q＝0$

• 2つ以上の命題は，つぎの2とおりの形で連結されます．

「私は人であり，かつ，3−1＝1 である」

これを命題 p と q の**合接**（または**連言**）といい，$p \wedge q$ と書きます．

「私は人であるか，または，3−1＝1 である」

これを命題 p と q の**離接**（または**選言**）といい，$p \vee q$ と書きます．

• 命題を否定するものを**命題の否定**といいます．たとえば

$p＝$「私は人である」の命題の否定は

「私は人ではない」であり，これを $\overline{p}$ と書きます．

• 2つの命題が仮定と結論の立場で連結されたもの，たとえば「私が人であれば，3−1＝1 である」などを**命題の条件**といい，$p \Rightarrow q$ と書きます．

補　足　(1)「3−1＝1」の場合，主語は「3−1」で述語が「＝1」であると考えてください.

(2)　$p \wedge q$（pであり，かつ，qである）　　　命題の合接

$p \vee q$（pか，または，qである）　　　命題の離接

$\bar{p}$　（pでない）　　　　　　　　　　命題の否定

$p \Rightarrow q$（pならばqである）　　　　命題の条件

の4種類を**複合命題**（または**合成命題**）と総称しています. また，∧，∨，￣，⇒などの記号は**論理記号**と呼ばれます.

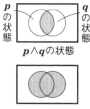

$p \wedge q$の状態

(3)　∧，∨，￣が，集合の場合の∩，∪，￣に対応していることは，つぎの図に見るとおりです. ⇒に相当する記号が集合のほうにはないのが残念ですが…….

$p \vee q$の状態

$\bar{p}$の状態

［例　題］　つぎの文章のうち，命題として取り扱えないものはどれですか.

(1)　太陽は東から昇る.

(2)　こいつは，すげーや

(3)　sardonyxはめのうのことである

(4)　君はだれですか

［答］　(2)と(4)です. (2)は主語も述語もありますが，状況の設定がなければ真偽の判定ができないので失格. (4)も真偽を判定する対象になりません. (3)については，sardonyxという単語を知らないから真偽の判定ができない，などと言いっこなしです. 調べさえすれば判定できるのですから….

6.5 真 理 表

2つの命題 p と q の真偽の組合せと，それに対応する複合命題の真偽を一覧表にして示したものを，**真理表**(または**真理値表**)といいます．$\wedge$，$\vee$，$\overline{}$，$\Rightarrow$ の真理表は，つぎのとおりです．

$p \wedge q$ の真理表

p	q	$p \wedge q$
1	1	1
1	0	0
0	1	0
0	0	0

$\begin{pmatrix} p と q がともに1 \\ のときだけ1 \end{pmatrix}$

$p \vee q$ の真理表

p	q	$p \vee q$
1	1	1
1	0	1
0	1	1
0	0	0

$\begin{pmatrix} p と q がともに0 \\ のときだけ0 \end{pmatrix}$

$\overline{p}$ の真理表

p	$\overline{p}$
1	0
0	1

(p と反対)

$p \Rightarrow q$ の真理表

p	q	$p \Rightarrow q$
1	1	1
1	0	0
0	1	1
0	0	1

例 題 $p=$「兄は女である」，$q=$「弟は男である」としましょう．もちろん，$p=0$，$q=1$ です．このとき，つぎの複合命題は真でしょうか，偽でしょうか．

(1) 兄は女であり，かつ，弟は男である．

(2) 兄が女であるか，または，弟が男である．

(3) 兄は女ではない．

(4) 兄が女であれば，弟は男である．

答　(1)　$p \wedge q$ の真理表の 3 行め，$p=0$, $q=1$ のときは $p \wedge q=0$ によって，偽と判定されます.

(2)　$p \vee q$ の真理表の 3 行めによって，$p \vee q=1$，すなわち「真」

(3)　$\overline{p}$ の真理表の 2 行めによって，$\overline{p}=1$，すなわち「真」

(4)　$p \Rightarrow q$ の真理表の 3 行めによって，$p \Rightarrow q=1$，すなわち「真」

$p \Rightarrow q$ の真理表の正体　4 つの真理表のうち，$p \wedge q$，$p \vee q$，$\overline{p}$ については常識的に理解できますが，$p \Rightarrow q$ の真理表についてはナットクしにくい一面があります.「兄が女でなくても弟は男」なのに，なぜ「兄が女であれば，弟は男」が真なのかと疑問が湧いたりするからです. そこで，

　　「p ならば q である」

という命題の意味を考えてみます. まず，p という仮定があり，その仮定が成立するなら q という結論があります. つまり，p であるのに q でないことはない，と主張しているのですから，結局

　　「p であり，かつ，q ではない，ということはない」

に帰着します. すなわち

　　$p \Rightarrow q$　は　$\overline{p \wedge \overline{q}}$

を意味すると考えられます. そうすると，たとえば

　　$p=0$, $q=1$　のときには　$\overline{q}=0$　なので　$p \wedge \overline{q}=0$

　　したがって　$\overline{p \wedge \overline{q}}=1$　つまり，$p \Rightarrow q=1$

のように，機械的な運算で $p \Rightarrow q$ の真偽が求まります. こうして作られたのが，$p \Rightarrow q$ の真理表です.

202

6.6　論理の演算法則　命題を，p, q, rで表わすと

$$p \wedge q = q \wedge p$$ (1)

$$p \vee q = q \vee p$$ (2)
（交換法則）

$$p \wedge (q \wedge r) = (p \wedge q) \wedge r$$ (3)

$$p \vee (q \vee r) = (p \vee q) \vee r$$ (4)
（結合法則）

$$p \wedge (q \vee r) = (p \wedge q) \vee (p \wedge r)$$ (5)

$$p \vee (q \wedge r) = (p \vee q) \wedge (p \vee r)$$ (6)
（分配法則）

$$\overline{\overline{p}} = p$$ (7)

例題 1　公式(5)を証明してください.

答　p, q, rのそれぞれが 1 または 0 であるすべての組合せについて，公式(5)の左辺および右辺が 1 になるか 0 になるかを真理表で調べてみると，下の表のように左辺の値と右辺の値がぴったりと一致します．こうして公式(5)は証明されました.

p	q	r	左辺		右辺		
			$q \vee r$	$\boldsymbol{p \wedge (q \vee r)}$	$p \wedge q$	$p \wedge r$	$\boldsymbol{(p \wedge q) \vee (p \wedge r)}$
1	1	1	1	**1**	1	1	**1**
1	1	0	1	**1**	1	0	**1**
1	0	1	1	**1**	0	1	**1**
1	0	0	0	**0**	0	0	**0**
0	1	1	1	**0**	0	0	**0**
0	1	0	1	**0**	0	0	**0**
0	0	1	1	**0**	0	0	**0**
0	0	0	0	**0**	0	0	**0**

例題 2　「あなたは，恋人か親友を失うか，あるいは，めでたく恋

を成就されるにちがいありません」という占いが，必ず当たること
を証明してください.

答　　「あなたは」という主語を省略して

p＝「恋人を失う」，q＝「親友を失う」

としましょう.「めでたく恋を成就する」は修飾を取り除いてしま
えば「恋人を失わない」ですから，$\bar{p}$ です. そうすると，予言は

$(p \lor q) \lor \bar{p}$

ということになります. これは，つぎの表のように，p と q の値に
かかわらず，常に真です. だから，占いは外れっこありません.

p	q	$p \lor q$	$\bar{p}$	$(p \lor q) \lor \bar{p}$
1	1	1	0	1
1	0	1	0	1
0	1	1	1	1
0	0	0	1	1

　このように，p や q の真偽にかかわらず常に真になるような合成
命題は**恒真命題**あるいは**恒真式**または**トートロジー**といわれます.
占い師は，トートロジーを語るプロなのかもしれません.

関連する公式　　$\overline{p \land q} = \bar{p} \lor \bar{q}$ 　　　　　(8)

$\overline{p \lor q} = \bar{p} \land \bar{q}$ 　　　　　(9)

　つまり，p と q をまとめて ¯ を付ける場合と，p と q のそれぞれ
に ¯ を付ける場合とでは，$\land$ と $\lor$ が逆転するというわけです. こ
の両式は，194 ページの集合のときと同じく，**ド・モルガンの法則**と
呼ばれています.

例題 3　2 つの命題 p と q があり

$$p=1, \quad p \Rightarrow q=1$$

であるとします．これからなにを推論できるでしょうか．

答　201 ページに書いたように

$$p \Rightarrow q = \overline{p \wedge \overline{q}}$$

ですから，これを公式(8)と公式(7)によって変形すると

$$p \Rightarrow q = \overline{p \wedge \overline{q}} = \overline{p} \vee \overline{\overline{q}} = \overline{p} \vee q$$

したがって，$\overline{p} \vee q = 1$

となります．$\overline{p}=0$ にもかかわらず，この式が成立するためには

$$q=1$$

でなければなりません．こうして私たちは

$$p=1, \quad p \Rightarrow q=1$$

という 2 つの事実から，$q=1$ という新しい事実を推論することに成功しました．

　実は，これがいわゆる**三段論法**なのです*．

　　　p　　　を「私は人間である」

　　　$p \Rightarrow q$　を「すべての人間は死ぬ」

　　　q　　　を「私は死ぬ」

としてみてください．パンチを効かすために $p \Rightarrow q$ のところの「私」を省略して書けば

　　　「私は人間である．すべての人間は死ぬ．ゆえに私は死ぬ」

---

　*　三段論法は，3 つの命題を使って
　　　$$\{(p \Rightarrow q) \wedge (q \Rightarrow r)\} \Rightarrow (p \Rightarrow r)$$
　と書くこともできます．この表現なら，p, q, r は 1 でも 0 でもかまいません．詳しくは，『論理と集合のはなし【改訂版】』173 ページをどうぞ．

となり，アリストテレスが言ったとか言わなかったとかいわれる三段論法の名言が生まれるではありませんか．

参　考　　(1)　論理の演算法則は集合の演算法則(192 ページ)とそっくりです．そして，その規則性は数の演算法則を上回るくらいです．254 ページの付録(5)に，集合と論理と数の演算法則を対比しておきました．

(2)　公式(1)と(2)，(3)と(4)，(5)と(6)，(8)と(9)を見較べていただくと，∧ と ∨ が入れ換った式が対になって並んでいます．この性質は，集合の演算法則(192 ページ)やド・モルガンの法則(194ページ)のときにも見られました．このような性質を**双対性**といいます．

(3)　機械学習に見るように，近年のコンピュータには，自ら考えたり判断をしたりするものが多くなってきました．それらの内部では，集合や論理の演算が行なわれています．そして，人工知能ともなると，ここではご紹介できなかったような高度な演算が猛スピードで繰り返されています．

今宵もトートロジーを語るか？

6.7 必要条件と十分条件

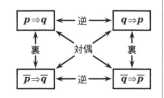

- ある命題「$p \Rightarrow q$」に対して

  $q \Rightarrow p$　　を　**逆**

  $\overline{p} \Rightarrow \overline{q}$　　を　**裏**

  $\overline{q} \Rightarrow \overline{p}$　　を　**対偶**

  といいます.

- 逆, 裏, 対偶の真理表は下のとおりです.

p	q	$p \Rightarrow q$	$q \Rightarrow p$	$\overline{p} \Rightarrow \overline{q}$	$\overline{q} \Rightarrow \overline{p}$
1	1	1	1	1	1
1	0	0	1	1	0
0	1	1	0	0	1
0	0	1	1	1	1

したがって, $p \Rightarrow q = 1$ なら $\overline{q} \Rightarrow \overline{p}$(対偶)$= 1$ ですが

$q \Rightarrow p$(逆)と $\overline{p} \Rightarrow \overline{q}$(裏)は必ずしも 1(真)ではありません.

- $p \Rightarrow q = 1$ であるとき

  p は q であるための**十分条件**
  q は p であるための**必要条件**　$\Big\}$ といいます.

$(p \Rightarrow q) \wedge (q \Rightarrow p) = 1$ のとき, p と q は**同値**であるといい, p と q は互いに**必要十分条件**です.

例題 1　命題 p が「$x = a$」で, 命題 q が「$x^2 = a^2$」であるとき, p と q の関係は必要条件でしょうか. 十分条件でしょうか.

答　「$x = a$」であれば「$x^2 = a^2$」ですから

$p \Rightarrow q = 1$　　したがって $\begin{cases} p \text{ は } q \text{ の十分条件です} \\ q \text{ は } p \text{ の必要条件です} \end{cases}$

ところが,「$x^2 = a^2$」であれば「$x = \pm a$」ですから

$$q \Rightarrow p = 0 \quad \text{したがって} \begin{cases} p \text{ は } q \text{ の必要条件ではありません} \\ q \text{ は } p \text{ の十分条件ではありません} \end{cases}$$

以上を総合して

　　p は q の十分条件ですが,必要条件ではありません.

　　q は p の十分条件ではありませんが,必要条件です.

[例題 2] $xy < 0$ なら $x < 0$ または $y < 0$ であることを証明してください.

[答] 「$xy < 0$」を p,「$x < 0$」を q,「$y < 0$」を r とおいて $p \Rightarrow q \lor r$ を証明したいのですが,$q \lor r$ には,$q \land r$ と $\bar{q} \land r$ と $q \land \bar{r}$ の部分を含むので頭が混乱しかねません.そこで,

$$\overline{q \lor r} \Rightarrow \bar{p} \quad (p \Rightarrow q \lor r \text{ の対偶})$$

を証明することにします.対偶が真なら元の命題も真だからです.

　この式は,ド・モルガンの法則によって

$$\bar{q} \land \bar{r} \Rightarrow \bar{p}$$

であり,$\bar{q}$ は「$x \geqq 0$」,$\bar{r}$ は「$y \geqq 0$」,$\bar{p}$ は「$xy \geqq 0$」なので

　　「$x \geqq 0$ で,かつ,$y \geqq 0$ なら $xy \geqq 0$」

を意味し,真であることが明らかです.……証明おわり.

参 考 「叱られなければ勉強しない」が真なら,その対偶の「勉強すれば叱られる」も真のはずですが,これが真だとすると子どもたちには一大事です.これは,「叱られなければ勉強しない」の対偶が「勉強する人は叱られた人である」と考えてください.p ならば q の「ならば」は因果関係を示しているのではなく,状態の結びつきを示しているだけですから…….

208

　クイズです．1セット52枚のトランプを2つの山に等分しました．左の山には黒札が17枚はいっていました．右の山にはいっている赤札は何枚でしょうか．瞬時に答えてください．

　左の山は，(52÷2＝26)枚のうち17枚が黒札だから，(26−17＝9)枚が赤札，そうすると，右の山の赤札は……などと暗算していては，とても瞬時には答えられません．

　そこで，2つの山の枚数は同じ，黒札と赤札の枚数も同じだから，2つの山には双対性があり

　　　　左の山(黒17枚，赤 x 枚)　なら
　　　　右の山(黒 x 枚，赤17枚)

と，瞬時に見破っていただきたいものです．

　こういう対称性は，数学や物理などを進歩させる手掛かりのひとつであり，**双対性**は，集合や論理ばかりではなく，ある種の幾何学や線形計画法などにも出演しています．

7. 確率と統計の本音

—— データはなにを語るか ——

　私たちは，各種の平均値とか率などで表わされるたくさんのデータに囲まれながら生活しています．それらの値がどのくらい信用できるのかを見破るには，いくらか専門的な知識が必要です．それが**推測統計学**（略して**推計学**）で，標本調査による推定と検定や，相関・回帰などを含んでいます．

　その推計学の基礎になっているのが**確率論**なのですが，確率それ自体が私たちの生活に深くかかわっていて，とくにギャンブル好きには無関心ではいられないでしょう．

7.1 確率の定義

試行と事象　あることがらを試みることを**試行**といい, その結果として起こり得ることを**事象**といいます. また, 起こり得るすべての事象の集合を**全事象**といい, それ以上こまかく分割できない事象を**根元事象**といいます.

確率の定義　全事象が N 個の事象から成り, N 個の事象がすべて同じ確からしさで起こるとき, N 個の事象のうち特定の R 個の事象が起こる確率 P を

$$P = \frac{R}{N} \tag{1}$$

と約束します.

確率の性質　$0 \leq P \leq 1$ $\tag{2}$

全事象のいずれかが起こる確率 $P(U) = 1$ $\tag{3}$

空事象(全事象集合の補集合)が起こる確率

$$P(\phi) = 0 \tag{4}$$

補　足　52枚1組のトランプを例にして, 上記の意味を復習しましょう. 52枚の中から「1枚取り出す」とか「3枚取り出す」などの行為が試行です. その結果として起こり得る「♥である」とか「1枚が♥で2枚が♣である」などが事象です. 取り出されたカードが「トランプである」は全事象,「♥の Q」とか「♣の3」などは, それ以上こまかく分けようがないので根元事象,「トランプのカードではない」は空事象です.

そして，52枚から1枚を取り出すとき，それが♥である確率は

$$\frac{\text{♥である根元事象}}{\text{起こり得る根元事象}} = \frac{13}{52} = \frac{1}{4}$$

と考えてもいいし，また，

$$\frac{\text{期待するスーツ（♥だけ）}}{\text{起こり得るスーツ（♠，♥，♦，♣）}} = \frac{1}{4}$$

と考えても結構です．これが，公式(1)の意味するところです．

　確率をこのように約束すると，公式(1)の N は正の整数であり，R は0か正の整数であるとともに，N より大きいことはあり得ませんから，確率が公式(2)の性質をもつことは当然です．確率を求めてみたところ，負の値になったり，1より大きな値になったりしたら，どこかが間違っているにちがいありません．

　また，「トランプのカードである」は全事象ですから，取り出したカードがトランプである確率は，公式(3)によるまでもなく1，取り出したカードが花札の松に鶴であることを期待すると，それは空事象なので，公式(4)によって0というわけです．

［例題1］ 図のように，円の1/4を白に，3/4を赤に塗り分けた的に矢を射ようとしています．矢は白い部分に当たるか赤い部分に当たるかなので，起こり得る事象は2つ，そのうち白に当たるという事象は1つだから，矢が白い部分に当たる確率は1/2……．この考え方は，どこが間違っているのでしょうか．

［答］ 「確率の定義」を読み直してみると，「N 個の事象がすべて同じ確からしさで起こるとき……」という前提条件が明記され

ています．私たちの問題では，「白い部分に当たる」と「赤い部分に当たる」が同じ確からしさで起こるとは，信じられないではありませんか．ここに誤りの素があったのです．

そこで，的の円を4等分して，そのうちの1区画は白に塗り，残りの3区画を赤に塗ってみてください．こんどは，どの区画に矢が当たるかは同じ確からしさで起こることになります．そうすると，白に当たる確率は1/4，赤に当たる確率が3/4となって，ナットクです．

[例題2] 2つのサイコロを投げたとき目の合計が偶数なら丁（ちょう），奇数なら半（はん）といい，丁か半かに賭けるのが日本古来のもっともポピュラーな賭博です．ところが調べてみると，下図のように，丁になる目の組合せが12とおりあるのに対して，半になるのは9とおりです．

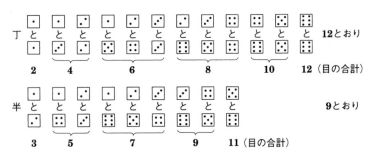

これは「九半十二丁」といわれて，確率の先生方の間ではよく知られた事実なのですが，ほんとうに丁に賭けるほうが半に賭けるより12：9の割りで有利なのでしょうか．

[答] 2つのサイコロを左サイと右サイに区別して考えてみてください．この2つのサイコロを投げたときに起こる事象は下図の

ように36とおりあり，これらが同じ確からしさで起こります．そのうち，丁になるのは薄ずみで囲った18とおりであり，残りの18とおりは半です．だから，丁が出る確率と半が出る確率は18/36ずつで，相等しいのです．前の図では，たとえば，⊡⊡と⊡⊡とを区別せずに1とおりとみなすような誤りを犯していたわけです．「九半十二丁」というのは，こういう錯覚をいましめる言葉として，よく知られています．

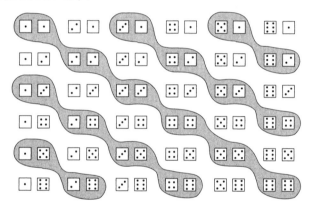

追　記　日本人の血液型の約40％がA，約30％がO，約20％がB，約10％がABという統計的なデータをもとに，偶然に隣り合わせた人がA型である確率は0.4などとするような確率を**統計的確率**(または**経験的確率**)などといい，これに対して，この項で扱ってきたような確率を**数学的確率**(または**先験的確率**)といいます．さらに，「田中君の判断では横綱が勝つ確率が3/4」というような，個人の判断による確率を**主観確率**ということがあります．また，これに対して統計的確率と数学的確率のほうを**客観確率**といいます．

7.2 確率の計算

排反事象の加法定理 ある試行において，A という事象が起こったときには決して B という事象が起こらず，B が起こったときには決して A が起こらないとき，A と B とは互いに**排反事象**であるといいます．A と B が排反事象であるときには，A または B が起こる確率は，A が起こる確率と B が起こる確率の和となります．

$$P(A \cup B) = P(A) + P(B) \tag{1}$$

$$P(A \cup B \cup C) = P(A) + P(B) + P(C) \tag{2}$$

一般の加法定理 事象が互いに排反でなければ

$$P(A \cup B) = P(A) + P(B) - P(A \cap B) \tag{3}$$

$$P(A \cup B \cup C) = P(A) + P(B) + P(C) - P(A \cap B)$$
$$- P(B \cap C) - P(C \cap A) + P(A \cap B \cap C) \tag{4}$$

独立事象の乗法定理 事象 A と B の起こり方が無関係であるとき，A と B は互いに**独立**であるといいます．A と B が互いに独立のときには，A が起こり，かつ B が起こる確率は，A が起こる確率と B が起こる確率の積となります．

$$P(A \cap B) = P(A) \cdot P(B) \tag{5}$$

$$P(A \cap B \cap C) = P(A) \cdot P(B) \cdot P(C) \tag{6}$$

条件付き確率の乗法定理 事象 A が起こったという条件のもとで事象 B が起こる確率を条件付き確率といい，$P_A(B)$，$P(B|A)$ などと書くのがふつうです．

$$P(A \cap B) = P(A) \cdot P_A(B) \tag{7}$$

余事象の確率 事象 A が起こらない確率は，事象 A が起こ

る確率を 1 から引いた値です.

$$P(\overline{A})=1-P(A) \tag{8}$$

　公式(2), (4), (6)は事象が 3 つの場合ですが, 事象が 4 つ以上のときには, これらの公式を発展させてください.

例題 1　サイコロを投げます. 1 の目か偶数の目が出る確率はいくらですか.

答　1 の目が出ることと偶数の目が出ることは排反事象です. また, 偶数の目, つまり, ⚁ と ⚃ と ⚅ は互いに排反事象です. だから, ⚀ が出る確率と ⚁, ⚃, ⚅ が出る確率を安心して加え合わせればいいので, 答えは 4/6 = 2/3 です.

例題 2　52 枚 1 組のトランプから 1 枚を取り出したとき, それが ♥ かキングである確率はいくらですか.

答　♥ が出ることとキングが出ることは排反事象ではありません. で, 公式(3)を慎重に適用しましょう. ♥ を H, キングを K と書けば

$$P(H\cup K)=P(H)+P(K)-P(H\cap K)$$

$$=\frac{13}{52}+\frac{4}{52}-\frac{1}{52}=\frac{16}{52}=\frac{4}{13}$$

ぜひ, 197 ページの例題と比較してみてください.

例題 3　1 つのサイコロを 1 回めに投げたときには ⚀ が出て, 2 回めに投げたときには ⚀ か ⚃ が出て, 3 回めに投げたときには ⚀ か ⚃ か ⚂ が出る確率はいくらですか.

答　サイコロは，それまでに出た目のことなど覚えていませんから，1回めの試行と2回めの試行と3回めの試行は互いに独立です．したがって，公式(6)によって

$$\frac{1}{6} \times \frac{2}{6} \times \frac{3}{6} = \frac{1}{36}$$

例題4　1つのサイコロを2回投げます．1回めと2回めの目の合計が4になる確率はいくらですか．

答　1回めが⚀で2回めが⚂の確率 ＝1/6×1/6＝1/36

1回めが⚁で2回めが⚁の確率 ＝1/6×1/6＝1/36

1回めが⚂で2回目が⚀の確率 ＝1/6×1/6＝1/36

これら3つの事象は互いに排反ですから，答えは

$$\frac{1}{36} + \frac{1}{36} + \frac{1}{36} = \frac{1}{12}$$

この問題は「2つのサイコロを投げたとき，目の合計が4になる確率」と同じです．左のサイコロを1回め，右のサイコロを2回めとみなせば，同じことなのです．

例題5　52枚1組のトランプから2枚のカードを取り出すとき，2枚とも♥である確率はいくらでしょうか．

答　1枚めが♥である確率が13/52であることはもちろんですが，2枚めも♥である確率は条件付き確率です．1枚めが♥なら，残りの51枚の中に♥は12枚しか残っていませんから，2枚めも♥である確率は12/51です．したがって，答えは

$$\frac{13}{52} \times \frac{12}{51} = \frac{3}{51}$$

例題6　2つのサイコロを24回ふり，少なくとも1回は1のゾロ目(⚀⚀)となる確率を求めてください．

<答> この確率を求めるのに，1回だけゾロ目が出る確率，2回だけゾロ目が出る確率，3回だけ……と，24回ゾロ目になる確率までのすべてを計算して合計するのは愚の骨頂です．そこで，公式(8)です．1回めにゾロ目が出る確率は 1/36 ですから，1回めにゾロ目が出ない確率は 35/36 です．2回めも3回めも……24回目も同じなので，1回から24回までゾロ目が出ない確率は $(35/36)^{24}$ となります．で，少なくとも1回はゾロ目が出る確率は

$$1-\left(\frac{35}{36}\right)^{24}\fallingdotseq 0.4914$$

関連する公式　事象 A_1, …, A_n が互いに排反であり，また，$A_1\cup A_2\cup\cdots\cup A_n=U$ とします．いま実際に B という事象が起こったとき，それが A_i に起因している確率は

$$\frac{P(A_i)P_{A_i}(B)}{P(A_1)P_{A_1}(B)+P(A_2)P_{A_2}(B)+\cdots\cdots+P(A_n)P_{A_n}(B)} \quad (9)$$

で求められます．これが有名な**ベイズの定理**です．

ひとつだけ例題をご紹介しましょう．大きなつぼと小さなつぼがあり，大きなつぼには白いあめ玉が8個と赤いあめ玉が2個，小さなつぼには白いあめ玉が3個と赤いあめ玉が7個入っています．ふと気がつくと，1匹の猿が赤いあめ玉を取り出していました．この猿が大きいつぼに手を入れる確率は 0.6，小さいつぼに手を入れる確率は 0.4 であることがわかっています．猿が手にしている赤いあめ玉が，大きいつぼから取り出された確率はいくらでしょうか．

$$\frac{P(大)P_大(赤)}{P(大)P_大(赤)+P(小)P_小(赤)}=\frac{0.6\times0.2}{0.6\times0.2+0.4\times0.7}=0.3$$

218

7.3 期　待　値

ある試行の結果によって値 x_1, x_2, …, x_n が決まり，それらの値になる確率が p_1, p_2, …, p_n であるとき

$$E = x_1 p_1 + x_2 p_2 + \cdots + x_n p_n \qquad (1)$$

を，その試行の期待値といいます．

ただし，$p_1 + p_2 + \cdots + p_n = 1$ です．

補　足　表現を変えれば，確率的に値が決まるような場合，それが平均してどのくらいの値になるかを示す量を期待値というわけです．期待値は確率的な現象についての平均値とみなすことができます．つぎの例題を見ていただくほうが，もっとピンとくるかもしれません．

例題 1　ここに，宝くじがあります．1 等が当たる確率は 0.1 で賞金は 100 万円，2 等が当たる確率は 0.2 で賞金は 30 万円，3 等が当たる確率は 0.3 で賞金は 10 万円としましょう．この宝くじの期待値はいくらでしょうか．もちろん，外れれば賞金はゼロです．

答　公式(1)によって，期待値 E は

$$100 \times 0.1 + 30 \times 0.2 + 10 \times 0.3 + 0 \times 0.4 = 19 \text{万円}$$

となります．左辺の第 4 項は，0.4 の確率で賞金が 0 になることに対応したものですが，紛らわしくないときには，このような項を省略することも少なくありません．

例題 2　田村君と佐藤君が横綱と平幕力士のすもうに賭をしてい

ます. ネゴシエーションの結果, 田村君は横綱に賭けて 3,000 円を, 佐藤君は平幕に賭けて 1,000 円を拠出して賭が成立しました. もちろん, 当たったほうが 4,000 円をいただく約束です. 両者の間に賭が成立するということは, すもうの勝敗に対する 2 人の見解に相違があることを意味しますが, どのような相違があるのでしょうか.

| 答 | 田村君は, 田村君にとっての期待値が 3,000 円より高いと思ったから賭に応じたはずです. つまり, 横綱が勝つ確率を p とすると

$$4,000 \, p \text{ 円} > 3,000 \text{ 円}$$

　　　したがって　　$p > 3/4$

と見積もって, この賭に乗ったと考えられます. いっぽう佐藤君は, 佐藤君にとっての期待値が 1,000 円より高いと判断したから賭に応じたはずです. つまり, 平幕力士が勝つ確率は $1-p$ ですから

$$4,000(1-p) \text{ 円} > 1,000 \text{ 円}$$

　　　したがって　$1-p > 1/4$

　　　ゆえに　　　　$p < 3/4$

と, 佐藤君は見積もったにちがいありません. すなわち, 横綱が勝つ確率を田村君は 3/4 以上と見積もり, 佐藤君は 3/4 以下と見積もった相違が, 2 人の賭を成立させたことになります.

参　考　　1 枚 300 円の宝くじの期待値は約 140 円です. 平均すれば 140 円しか入手できない宝くじが, なぜ 300 円で飛ぶように売れるのでしょうか. そこには単純な数学だけでは割り切れない社会科学のおもしろさがあるのですが, 詳しくは脚注の文献* をどうぞ.

　＊　『ビジネス数学のはなし(上)』, 1〜34 ページ.

7.4 二 項 分 布

独立反復試行　なん回もくり返すことができる試行があり、その結果の事象が互いに独立であるとき、その試行を独立反復試行といいます。

独立反復試行の確率　1回の試行である事象が起こる確率が p であるとします。この試行を n 回くり返したとき、その事象がちょうど r 回だけ起こる確率 $P(r)$ は

$$P(r) = {}_nC_r p^r (1-p)^{n-r} \tag{1}$$

です。また、$1-p=q$ とおいて

$$P(r) = {}_nC_r p^r q^{n-r} \tag{2}$$

と表わすことも少なくありません。

二項分布　r が 0 から n までの間に、式(1)の値がどのように分布するかを示したものを二項分布といいます。

例題 1) コインを8回投げたとき、ちょうど4回だけ表が出る確率はいくらですか。

答) 公式(2)において、$n=8$、$r=4$、$p=q=0.5$ とすれば

$$P(4) = {}_8C_4 \times 0.5^4 \times 0.5^4$$

21ページのパスカルの三角形を見ると ${}_8C_4 = 70$ ですから

$$= 70 \times 0.5^8 \fallingdotseq 0.274$$

となります。

例題 2) 8枚のコインを投げたとき、表が1枚も出ない確率、1枚だけ出る確率、2枚だけ出る確率、…(中略)…、8枚とも表になる確

率を計算し，それを棒グラフに描いてください．

答　8枚のコインを同時に投げても，1枚のコインを8回投げても，独立事象であることに変わりありませんから，計算の方法は同じです．表が r 枚だけ出る確率 $P(r)$ は

$$P(0) = {}_8C_0 \times 0.5^0 \times 0.5^8 = 1 \times 0.5^8 \fallingdotseq 0.004$$

$$P(1) = {}_8C_1 \times 0.5^1 \times 0.5^7 = 8 \times 0.5^8 \fallingdotseq 0.031$$

$$P(2) = {}_8C_2 \times 0.5^2 \times 0.5^6 = 28 \times 0.5^8 \fallingdotseq 0.109$$

$$P(3) = {}_8C_3 \times 0.5^3 \times 0.5^5 = 56 \times 0.5^8 \fallingdotseq 0.219$$

$$P(4) = {}_8C_4 \times 0.5^4 \times 0.5^4 = 70 \times 0.5^8 \fallingdotseq 0.274$$

$$P(5) = {}_8C_5 \times 0.5^5 \times 0.5^3 = 56 \times 0.5^8 \fallingdotseq 0.219$$

$$P(6) = {}_8C_6 \times 0.5^6 \times 0.5^2 = 28 \times 0.5^8 \fallingdotseq 0.109$$

$$P(7) = {}_8C_7 \times 0.5^7 \times 0.5^1 = 8 \times 0.5^8 \fallingdotseq 0.031$$

$$P(8) = {}_8C_8 \times 0.5^8 \times 0.5^0 = \underline{1 \times 0.5^8 \fallingdotseq 0.004}$$

計　1.000

となります．これを棒グラフに描いたのが右の図です．

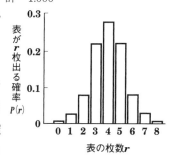

補足　この図は，確率がどのように分布しているかを示しています．このような確率の分布状況を**確率分布**といいます．確率分布にはいろいろな形状がありますが，いまの例のように，**二項係数**（21 ページ）で特徴づけられた確率分布を**二項分布**といいます．なお，$P(r)$ は r の関数であり，こういうとき，r を**確率変数**と呼ぶことも付記しておきましょう．

222

例題3 大量の玉が袋の中にはいっています．その 3/4 は白い玉で，1/4 は黒い玉です．目をつむって 6 個の玉を取り出すとき，その中に含まれる白玉が 0 個である確率，1 個である確率，…（中略）…，6 個である確率を求め，棒グラフに描いてください．

答 白い玉が r 個だけ含まれる確率 $P(r)$ は，

$$P(0) = 1 \times (3/4)^0 \times (1/4)^6 \fallingdotseq 0.000$$
$$P(1) = 6 \times (3/4)^1 \times (1/4)^5 \fallingdotseq 0.004$$
$$P(2) = 15 \times (3/4)^2 \times (1/4)^4 \fallingdotseq 0.033$$
$$P(3) = 20 \times (3/4)^3 \times (1/4)^3 \fallingdotseq 0.132$$
$$P(4) = 15 \times (3/4)^4 \times (1/4)^2 \fallingdotseq 0.297$$
$$P(5) = 6 \times (3/4)^5 \times (1/4)^1 \fallingdotseq 0.356$$
$$P(6) = 1 \times (3/4)^6 \times (1/4)^0 \fallingdotseq 0.178$$

この結果を棒グラフに描いたら，右図ができ上がりました．

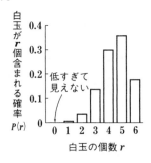

補足 この図もやはり二項分布なのですが，前の図が左右対称であったのに対して，こんどの図はだいぶ歪んでいます．$p=0.5$ ではないからです．「不良率 0.1% の製品を 100 個詰めにしたとき，1 箱の中の不良品が 0 個の確率，1 個の確率，……」のような場合には，もっともっと歪むばかりか計算もたいへんなので，二項分布の近似式として**ポアソン分布**というものを使ったりします．

公式(2)の成り立ち ある事象が起こることを○，起こらないことを×で表わしましょう．n 回の試行のうち○が r 回だけ起こる順

序は，たとえば，下のように○と×が不規則に並ぶでしょう．

$$\underbrace{○×××○……×○××}_{n個（うちr個が○）}$$

このような並び方は，ぜんぶで $_nC_r$ とおりあります． n 個の座席の
うち，r 個を指定して取り出す組合せの数と考えればいいからです．
そして，$_nC_r$ とおりの組合せは，互いに排反事象です．

　ここで，○が起こる確率を p，×が起こる確率を $q(=1-p)$ とす
ると，6行前のような○と×の並び方が起こる確率は

$$p×q×q×q×p×……×q×p×q×q$$

ですが，この中には p が r 個，q が $(n-r)$ 個含まれているので

$$= p^r q^{n-r}$$

です．そして，$_nC_r$ とおりある並び方のどれもが，同じように
$p^r q^{n-r}$ の確率で起こることは明らかです．そうすると，排反事象で
ある $_nC_r$ とおりの事象が，それぞれ $p^r q^{n-r}$ の確率で起こるのです
から，その事象のどれかが起こる確率は

$$_nC_r p^r q^{n-1}$$

で表わされることになります．これが公式(2)の由来です．

　参　考　(1) 独立反復試行は，**ベルヌーイ試行**ともいわれます．
　(2) 実際に8枚のコインをなん回か投げて，その結果を棒グラフ
にしてみると，221ページのような左右対称のきれいな山形になる
とは限りません．しかし，試行回数をどんどん増していくにつれて，
理論どうりの値に限りなく近づいていきます．このような確率の性
質を**大数の法則**と呼んでいます．

7.5 正 規 分 布

正規分布 確率変数 x が右図のよ
うに分布しているものを正規分布
といいます．この図で m は x の

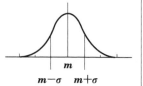

平均値，σ は**標準偏差**(後述)です．

平均値が m で，標準偏差が σ であるような正規分布は

$$N(m, \sigma^2) \tag{1}$$

と略記されます．

正規分布と確率 確率変数 x が $N(m, \sigma^2)$ に従うとき

$$m-\sigma < x < m+\sigma \quad \text{の確率は} \quad \text{約 } 68.3\% \tag{2}$$

$$m-2\sigma < x < m+2\sigma \quad \text{の確率は} \quad \text{約 } 95.4\% \tag{3}$$

$$m-3\sigma < x < m+3\sigma \quad \text{の確率は} \quad \text{約 } 99.7\% \tag{4}$$

となります．

正規分布表 $N(0, 1^2)$ において，x が一定の範囲にある確率
を数表にしたものを正規分布表といいます．

標準偏差 ばらつきの大きさを示す指標のひとつです．n 個
の確率変数があって，その個々の値を x_i とすれば

$$\sigma = \sqrt{\frac{\sum(x_i - m)^2}{n}} \tag{5}$$

で求められます．

補　足 たくさんたくさん補足しなければなりません．

(1) 二項分布では確率変数がとびとびの値でした．コインの表の
枚数が 3.1415… 枚などになり得ず，0，1，2，… というとびとびの値

にしかならないからです．このような分布は**離散型確率分布**といわれます．これに対して，正規分布では確率変数がとり得る値は連続です．このような分布は**連続型確率分布**といわれます．

(2) 連続型の分布にはいろいろなタイプがありますが，もっとも有名で，ばつぐんに実用価値の高いのが**正規分布**です．私たちの身の回りには正規分布とみなされる現象がたくさんあります．昔から製作誤差や測定誤差など，各種の誤差が正規分布に従うことは経験的によく知られていましたし，いまでは人の能力さえも正規分布すると信じられていて，分布制限つきの5段階評価や偏差値の計算などに利用されているほどです．

(3) 正規分布の曲線は，前ページの図のように，左右対称で釣鐘を伏せたような美しい形をしています．そして，平均値 m から右と左へ σ だけ離れたところに**変曲点**(カーブが下向きから上向きに変わるところ)があり，両すそを左右へ長く延ばしています．この曲線の方程式は

$$f(x) = \frac{1}{\sqrt{2\pi}\,\sigma} e^{-\frac{(x-m)^2}{2\sigma^2}} \tag{6}$$

という恐ろしい姿をしていますが，覚える必要はまったくありません．正規分布表があれば実用上の問題に対処できるからです．

(4) 正規分布の式(6)は，ある条件のもとに，**二項分布**の n を大きくした極限の姿として現われたものです．したがって，n が大きいために二項分布の計算が困難なときには，正規分布で近似した計算が行なわれます．

(5) 正規分布の中心の位置を決めているのは平均値 m ですが，左右への拡がりの大きさを決めるのは確率変数のばらつきの大きさ

です．ばらつきの大きさを表わす方法にもいろいろありますが，もっともよく使われるのが公式(5)で求められる**標準偏差**です．σはシグマと読み，Σ（43ページ）の小文字です．なお，σ^2を**分散**といい，数学的な取扱いに便利なので，よく使われます．正規分布を式(1)のように略記するとき，σではなくσ^2の値が書かれるのも，そのためです．

(6) 私たちの身の回りには正規分布とみなされる現象がたくさんありますが，現象ごとに単位も数値の大きさもまちまちです．そこで，どのような正規分布にも共通して使えるような数表を作るためのくふうが必要です．くふうの第1は，平均値を0とみなすことです．そして，現実の正規分布に数表を適用するときには，正規分布の平均値を0のところへ平行移動して考えようというわけです．くふうの第2は，ばらつきの大きさを標準偏差を単位として表わすことです．こうすることによって，現実の正規分布のばらつきの大きさが伸縮されて，同じ数表に納まるとともに，単位も消えてしまう仕掛けです．こういう操作は**規準化**と呼ばれています．こうして作られたのが$N(0,\ 1^2)$の数表です．付録(6)の262ページに付けてありますが，その一部を右に載せておきました．

Z 単位は標準偏差	0～Zの間の確率 （斜線部の面積）
0	0
0.5	0.1915
1.0	0.3413
1.5	0.4332
2.0	0.4773
2.5	0.4938
3.0	0.4987
∞	0.5000

正規分布は確率分布のひとつですから，二項分布の棒グラフの合計が1であったように，正規分布の図形の面積は1です．したがって，図では斜線部の面積を数表にして

ありますが，この値は 1 つの変数が 0 から Z までの間にある確率を意味していることをご賢察ください．

（7）　数表の値を見ていただくと，Z が 1 のときに斜線部の面積が 0.3413 になっています．これは，ある確率変数が平均値より大きく，1σ より小さい確率が，0.3413 であることを意味します．正規分布は左右が対称ですから，これはまた，ある確率変数が平均値 $\pm 1\sigma$ の間にある確率が，0.3413×2＝0.6826 であることを教えてくれます．これが

　　　　$m-\sigma < x < m+\sigma$ の確率は約 68.3%　　　　　　（2）と同じ

の意味です．（3），（4）式についても同様です．このように，正規分布する集団では，平均値 $\pm 1\sigma$ の間に約 2/3 が，また，平均値 $\pm 2\sigma$ の間に約 95% が含まれていることを覚えておけば，数理感覚を磨くうえで役に立ちます．

[例題 1]　成績などの 5 段階評価では，評価対象の約 7% の人に 1 点，約 24% に 2 点，約 38% に 3 点，約 24% に 2 点，約 7% に 5 点を与えるように，分布に制限を課すことが多いのですが，この制限にはどのような意味があるのでしょうか．

[答]　人の能力や，その結果としての成績は正規分布するという認識のもとに，正規分布の中心（平均値）をまたいで 1σ

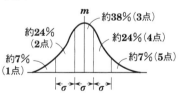

の幅に含まれる人たち，つまり「並」の人たちに 3 点を与えていると考えられます．前ページの数表によれば，Z が 0.5σ のときの面積が 0.1915 なので，$-0.5\sigma \sim +0.5\sigma$ の間に約 0.38，すなわち約 38%

が含まれるはずだからです．そして，3 点より成績がいい1σ の区間に含まれる人たちには 4 点を贈り，もっと好成績の人たちには，5 点を献上しようというわけです．2 点以下のほうも，同じように1σ ずつに区切ってあることは言うに及びません．

　実は，なんでもないことのようですが，成績を等間隔に区切って評価することの意味は軽くはないのです．長さや重さのように等間隔目盛りで測られた値は，加減乗除の演算ができますが，震度やホン（音の大きさ）のように，等間隔ではない目盛りで測られた値は，そのように演算ができないからです．

例題 2　日本の成年男子の身長は，平均が 170 cm，標準偏差が 6 cm くらいの正規分布をしています．いっぽう，マンションなどでは，かもいの高さは 182 cm くらいに作られています．かもいに頭がぶつかる気の毒なノッポ氏は，成年男子のなん％くらいでしょうか．

答　182 cm は平均値より 12 cm だけ大きな値です．12 cm は標準偏差 6 cm の 2.0 倍に相当します．前ページの正規分布表の

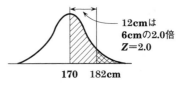

Z は，標準偏差を単位とした値でしたから，この例題では $Z=2.0$ です．数表で Z が 2.0 のところを見ると，斜線部の面積は 0.4773 です．つまり，上図の斜線部の面積が 0.4773 なのです．私たちが知りたい 182 cm より大きい人の割合は，図では二重斜線部の面積で示されていますから，それは，正規分布の右半分の面積(0.5)から 0.4773 を引けば求められ

$$0.5 - 0.4773 = 0.0227 (2.27\%)$$

です. つまり, 182 cm のかもいに頭がぶつかるノッポ氏は, 日本の成年男子の約 2.3% です.

参 考 (1) $N(m, \sigma^2)$ の N は, Normal distribution(正規分布)の頭文字です.

(2) 正規分布の数表には, $0 \sim Z$ の区間に含まれる面積を数表にしたもののほかに, $-Z \sim Z$ の区間, $-\infty \sim Z$ の区間, $Z \sim \infty$ の区間の面積を数表にしたものなど, いろいろなタイプが市販されています. しかし, どれか1つの数表があれば, 2倍したり, 0.5 を加えたり, 0.5 から引くなどして, 容易に他の数表に換算できます.

(3) 全員の得点の中に某君の得点が占める地位を, 平均が50点で標準偏差が10点の正規分布に移し直して表現した点数を**偏差値**といいます. すなわち

$$某君の偏差値 = 50 + \frac{某君の得点 - 全員の平均点}{全員の標準偏差} \times 10$$

で計算されます.

(4) 人の能力が正規分布することの理由については, いろいろな説明や傍証がありますが, もっとも理論的なのは, **中心極限定理**(230ページ)による説明でしょう. この定理を簡単にいうと, 「ある分布から取り出した n 個の変数の合計または平均値は, もとの分布がどのような形であろうとも, n が大きくなるにつれて正規分布をする」ということです. つまり, 遺伝とか環境にまつわる多くの要因の影響が加算して作り出す人の能力は, 正規分布するにちがいないというのです.

7.6 標本調査と推定

標本調査　調査の対象とする集団を**母集団**（ぼしゅうだん）といい，母集団から**無作為**に取り出したサンプルを**標本**といいます．標本によって母集団の性質を調べることを**標本調査**または**抜き取り検査**といいます．

標本平均の分布　平均 m，分散 σ^2 の母集団から取り出した n 個の標本の平均値を $\bar{x}$ とすると，n が大きければ，母集団の分布の形にかかわらず，$\bar{x}$ は

$$N(m, \sigma^2/n) \tag{1}$$

の正規分布に従います（**中心極限定理**）．

母集団の平均（母平均という）の区間推定　n 個の標本から求めた平均値を $\bar{x}$，標準偏差を s とすると，n が大きければ，母平均 m は

95%の確率で $\bar{x} \pm 1.96 s/\sqrt{n}$ の区間にあります．　(2)

なお 90%の確率なら 1.96 を 1.65 に　(3)

99%の確率なら 1.96 を 2.58 に　(4)

変えてください．

このとき，母集団の 95%**信頼区間**は $\bar{x} \pm 1.96 s/\sqrt{n}$ であるといいます．また，この 95%を**区間推定の信頼水準**または**信頼係数**といいます．

母集団における比率（母比率という）の区間推定　n 個の標本のうち k 個がある性質を持っていることから，母集団におけるその性質を持つものの比率 p を区間推定すると，n が大きければ

$$95\%の信頼区間は \quad \overline{p}\pm 1.96\sqrt{\frac{\overline{p}(1-\overline{p})}{n}} \qquad (5)$$

$$（ここで \quad \overline{p}=k/n）$$

なお，90%信頼区間なら 1.96 を 1.65 に　　(6)

　　　　99%信頼区間なら 1.96 を 2.58 に　　(7)

補　足　(1)　標本調査に対して，母集団をぜんぶ調べることを**全数調査**といいます．母集団が大きすぎると全数調査は困難ですし，また，破壊を伴う調査では，調査の意味がなくなってしまうことも多いので，そのようなときには標本調査に頼らざるを得ません．

(2)　無作為(random)とは，人間の作為が介入しないことです．そのためには乱数を使ったりします．

(3)　区間推定に対して**点推定**という用語があります．標本の平均値が $\overline{x}$ なら，母平均 m も $\overline{x}$ と同じと推定するように，区間ではなく，一点で推定するのが点推定です．

(4)　統計数学の専門書では

　　　母平均を　　μ　　　　　，母分散を　　σ^2

　　　標本平均を m または $\overline{x}$，標本分散を s^2

とすることが多いようです．やはり，神様しか知らない母集団のほうの値は，神秘さに富むギリシャ文字がぴったりなのでしょう．

例題 1　同じ産地から送られてきた同じ品種のリンゴが，山と積んであります．その中から 100 個の標本を取り出して測ったところ，標本平均 $\overline{x}$ は 380 グラム，標準偏差 s は 15 グラムでした．母平均の 95%信頼区間を求めてください．

答 公式(2)によって

$$\bar{x} \pm 1.96 \frac{15}{\sqrt{100}} \fallingdotseq 380 \pm 2.9 \text{ グラム}$$

です. ついでに, 90%信頼区間は 380±2.5 グラム

99%信頼区間は 380±3.9 グラム

例題2 一般家庭の 500 台のテレビを調査したところ, 番組 A の視聴率は 20%, 番組 B の視聴率は 15%でした. この結果を聞いて A のプロデューサーはガッツポーズ, B のプロデューサーはガックリですが, A と B のほんとうの視聴率, つまり, 全家庭のテレビを調査しなければわからない視聴率を, 95%の信頼水準で区間推定し, 比較してみてください.

答 まず, 番組 A について, $n=500$, $\bar{p}=0.2$ を公式(5)に代入すると

$$95\%\text{の信頼区間} = 0.2 \pm 1.96 \sqrt{\frac{0.2(1-0.2)}{500}}$$

$$= 0.2 \pm 0.035 = 16.5 \sim 23.5\% \qquad (\text{A})$$

となります. 番組 B では $\bar{p}=0.15$ でしたから

$$95\%\text{の信頼区間} = 0.15 \pm 1.96 \sqrt{\frac{0.15(1-0.15)}{500}}$$

$$= 0.15 \pm 0.031 = 11.9 \sim 18.1\% \qquad (\text{B})$$

を得ます. 両者を比較してみると, A のほうが概して B よりは大きな値であることはもちろんですが, しかし, A の下限よりは B の上限のほうが勝っています. したがって, ほんとうの視聴率でも A のほうが高いとは断言できそうもありません. 標本調査の視聴率の数%くらいで, 一喜一憂する必要はなさそうです.

公式(2)〜(7)の成り立ち

公式(1)によって，$\bar{x}$ は m を平均値，$\sigma/\sqrt{n}$ を標準偏差として正規分布しています．したがって，ひとつの $\bar{x}$ が $m\pm1.96\sigma/\sqrt{n}$ の区間から取り出されている確率は95％です(262ページの正規

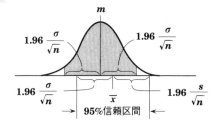

分布表で，Z が1.96のときに面積が0.95/2になっていることを確認してください)．図からわかるように，そうすると $\bar{x}\pm1.96\sigma/\sqrt{n}$ の間に m が含まれる確率も95％であるはずです．ところが，n が大きいときには $\sigma\fallingdotseq s$ という性質があります．したがって，$\bar{x}\pm1.96s/\sqrt{n}$ の範囲に m が含まれるとみなせることになります．公式(3)と(4)の数値についても，正規分布表で確かめていただきたいと思います．

また，公式(5)〜(7)については，n が大きい二項分布が

$$N(np,\ np(1-p))$$

の正規分布で代用できることを利用して，公式(2)〜(4)の場合と同様の考え方で作られたものです．

参　考　　n が大きくないときには，$\sigma\fallingdotseq s$ とはみなせなくなるので，母平均 m を

$$\bar{x}\pm t\frac{s}{\sqrt{n-1}}$$

で区間推定してください．t の値は表のとおりです．

信頼水準 n	90%	95%	99%
2	6.31	12.71	63.66
3	2.92	4.30	9.93
5	2.13	2.78	4.60
10	1.83	2.26	3.25
20	1.73	2.09	2.86
50	1.68	2.01	2.68
∞	1.65	1.96	2.58

> **7.7 検　　　定** ある仮説のもとに, 現実に起こったこと
> の確率を求め, その確率が基準値より小さいときには, その
> 仮説のもとでこの現実が起こるのは不自然と考え, その仮説
> を棄却することにします. このような手法を**仮説検定**, ある
> いは単に**検定**と呼びます. そして, この仮説を**帰無仮説**とい
> い, 帰無仮説を捨てたときに「検定の結果は**有意**である」とい
> います. また, 基準とした確率を**有意水準**または**危険率**とい
> います.

　努めて平易に書いたつもりですが, 始めて上の文章を読んだだけ
で意味を理解される方がいるとは, とても思えません. そこで, ま
ず具体例を見ていただきましょう.

　例題 1　ここに, 1 枚のコインがあります. 8 回投げてみた結果
は, 表が 6 回で裏が 2 回でした. このコインに表が出やすいという
くせがあるかどうか, 危険率 5% で検定してください.

　答　まず,「コインにはくせがなく, 表が出る確率も裏が出る
確率も 0.5 である」という仮説を立てます. 表が出やすいくせがあ
るという仮説を立てると, どのくらい出やすいかに無限の段階が生
じて, 数学的に取り扱いにくいからです.

　さて, 表が出る確率も裏が出る確率も仮説どうりに 0.5 ならば,
221 ページの計算結果を借用して

　　　　8 回のうち 8 回とも表の確率　　0.4%

　　　　8 回のうち 7 回が表の確率　　　3.1%

8回のうち6回が表の確率　　10.9%

　　　………以下，省略………

です．私たちの試行結果は表が6回でしたから，「くせがない」という仮説のもとで，そういうことが起こる確率が10.9%もあり，これは基準値の5%と較べて珍しいことではありません．いいかえれば，偶然のいたずらで起こったにすぎないと考えても，不自然ではないのです．したがって，仮説は棄却することができず，コインにはくせがあるとは言えないと判定することになります．

⎡例題2⎤　8回のうち，7回も表が出てしまったら，検定の結果はどうなりますか．

⎡答⎤　10行ほど前の計算結果によれば，7回も表が出る確率は3.1%にすぎません．これは5%より小さい値です．したがって，偶然にこのようなことが起こったと考えるのは不自然です．そこで，仮説を棄却して「コインには表が出やすいくせがある」と判定することになる……という筋書になるのですが，ちょっと待ってください．8回のうち7回も表が出たので有意であると判定するくらいなら，8回とも表が出れば，なおさら有意であると判定するはずです．したがって，8回のうち7回の確率3.1%に，8回とも表の確率0.4%を加えた3.5%で判定しなければなりません．それでも，答えは「有意」です．

⎡例題3⎤　例題2では「コインには表が出やすいくせがある」と判定しました．これは，8回のうち7回も表が出たのだから，くせがあるとすれば，それは表が出やすいくせにちがいないという観点に立っていたからです．しかし，表が出やすいくせも裏が出やすいくせも，ひっくるめてくせがあるとみなすという観点に立って検定す

るなら，判定はどうなるでしょうか．

答　　この場合には，表か裏かが7回以上出る確率を使って検定しなければなりません．

8回のうち8回とも表の確率	0.4%
8回のうち7回が表の確率	3.1%
………中略………	
8回のうち7回が裏の確率	3.1%
8回のうち8回とも裏の確率	0.4%

の合計は7.0%であり，これは基準値の5%より大きいので，「くせがあるとはいえない」と判定されることになります．

　　例題1や例題2のような検定を**片側検定**，例題3のような検定を**両側検定**といいます．どちらの検定を選ぶかは，主として検定をする目的によります．

例題4　　重さの平均値 m が50g あるとの約束のもとに，大量の卵が入荷しました．30個の標本を抽出して重さを測ってみたところ，平均値 $\bar{x}$ は48g で，標準偏差 s は8g でした．この結果から母集団の平均値 m が50g に満たないと判定して，クレームをつけることができるでしょうか．危険率5%で検定してください．

答　　重さの平均値が小さいときだけクレームをつけようというのですから，片側検定をすればよさそうです．仮説は $m=50$ g です．まず，230ページの公式(3)を思い出しましょう．それは

　　　　90%の確率で m は $\bar{x}\pm1.65s/\sqrt{n}$ の区間にある

となっていました．これを233ページの図の考え方によって言い換えると，平均値が m である母集団から1つの $\bar{x}$ を取り出したとき

　　　　$\bar{x}$ が　 $m-1.65s/\sqrt{n}$ 以下である確率　　5%

$$m \pm 1.65s/\sqrt{n} \text{ の区間にある確率　90\%}$$

$$m \pm 1.65s/\sqrt{n} \text{ 以上である確率　　5\%}$$

ということになります. $m=50$ で

$$1.65s/\sqrt{n} = 1.65 \times 8/\sqrt{30} \fallingdotseq 2.4$$

ですから, つまり, $\bar{x}$ が $50-2.4$
$=47.6$ が判定の分かれ目です.
私たちのデータでは $\bar{x}$ が 48 で
したから, 右図のように, この
$\bar{x}$ は 5% の範囲から取り出され
たものではありません. した
がって, 検定の結果は, $m=$
50 g という仮説は棄却できず,
クレームをつけるわけにはいかない…….

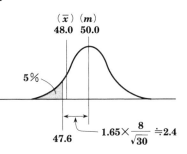

　これでこの例題は終りですが, ここで私たちのデータを, $n=50$,
$\bar{x}=48$, $s=8$ としてみましょう. $\bar{x}$ や s は変わらずに, n を 30 から
50 に増やしてみたのです. そうすると, $1.65 \times 8/\sqrt{50} \fallingdotseq 1.9$ なので,
$50-1.9=48.1$ が判定の分かれ目となるので, $m=50$ g との仮説を棄
却して, 目方不足の判定が出ます. 検定の思想は, 疑わしきは罰せ
ず, です. 同じように疑いがあった場合でも, データの数が少なけ
れば無罪, データが多いと有罪という判定が出てしまいます.

　参　考　　推定のときの 99%, 95%, 90% と, 検定のときの 1%,
5%, 10% とが対応しています. ふつうは 95% と 5% を使い, 厳しく
判断したいときには 99% と 1%, おおざっぱでいいときには 90% と
10% を使います.

7.8 相　　関

相関関係　2つの変量の間に，一方が増加するにつれて他方も増加または減少の傾向が見られるとき，**相関関係**(または，単に**相関**)があるといいます．

相関の強さ　上記の傾向が明瞭なときには**強い相関**があるといい，不明瞭なら**弱い相関**があるといいます．

相関の正負　一方の増加につれて他方も増加するとき**正の相関**があるといい，他方が減少するとき**負の相関**があるといいます．

相関係数　2つの変量 x_i と y_i について

$$r = \frac{\sum(x_i - \overline{x})(y_i - \overline{y})}{\sqrt{\sum(x_i - \overline{x})^2 \cdot \sum(y_i - \overline{y})^2}} \tag{1}$$

を相関係数といいます．相関係数は -1〜1 の値で，正の値なら正の相関が，負の値なら負の相関があること意味し，また，0ならまったく相関がなく，1または-1に近いほど相関が強いことを表わします．

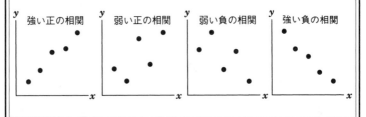

例題 1　右表のようなデータがあります．4人の生徒の数学の得点 x_i と国語の得点 y_i とでも思っていただけば，具体的なイメージ

が湧くかもしれません. では, x_i と y_i につい
ての相関係数 r を求めてください.

データ番号	x_i	y_i
1	2	2
2	3	3
3	5	2
4	6	5

$\boxed{\textbf{答}}$ r の計算は, つぎのように進行します.

① x_i	② $x_i-\overline{x}$	③ $(x_i-\overline{x})^2$	④ y_i	⑤ $y_i-\overline{y}$	⑥ $(y_i-\overline{y})^2$	⑦ $(x_i-\overline{x})(y_i-\overline{y})$
2	-2	4	2	-1	1	2
3	-1	1	3	0	0	0
5	1	1	2	-1	1	-1
6	2	4	5	2	4	4
4 (平均 $\overline{x}$)		10 (合計)	3 (平均 $\overline{y}$)		6 (合計)	5 (合計)

$$r=\frac{⑦}{\sqrt{③×⑥}}=\frac{5}{\sqrt{10×6}}≒0.65$$

0.65 という値は, 正の値であり, また, 0 より 1 に近い値ですから, x_i と y_i の間には, やや強い正の相関が認められると言えるでしょう. なお, 公式(1)は, 姿がごついわりに計算はやさしいことに同意していただけると思います.

公式(1)の意味　　右の図を見ながらフォローしてください. まず, x_i から $\overline{x}$ を引き, y_i から $\overline{y}$ を引くことによって座標を平行に移動すれば, 座標の原点をデータの中心に移すことができます. こうすると, x_i と

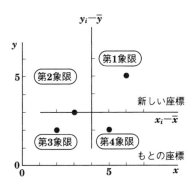

y_i の間に強い正の相関があるときには，データを示す黒点は座標の原点を通り，右上から左下へ走る直線の上に並ぶはずです．いいかえれば，データは新しい座標の第1象限と第3象限だけに存在することになります．第1象限では，$x_i - \overline{x}$ の値も $y_i - \overline{y}$ の値もプラスですから，$(x_i - \overline{x})(y_i - \overline{y})$ はプラスの値ですし，第3象限では $x_i - \overline{x}$ も $y_i - \overline{y}$ もマイナスの値ですから，$(x_i - \overline{x})(y_i - \overline{y})$ は，やはりプラスの値です．そうすると，それらを合計した

$$\sum(x_i - \overline{x})(y_i - \overline{y})$$ 公式(1)の分子と同じ

は，プラスの値ばかりが合算されますから，プラスの大きな値になるにちがいありません．

これに対して，x_i と y_i の間に強い負の相関があるなら，データは第2象限と第4象限だけに存在するはずです．そして，第2象限でも第4象限でも $(x_i - \overline{x})(y_i - \overline{y})$ はマイナスの値ですから，これらを合計した公式(1)の分子は，マイナスの大きな値となるにちがいないのです．

また，相関がほとんどなければ，データは第1，第2，第3，第4象限のいずれにも散らばっていて，$(x_i - \overline{x})(y_i - \overline{y})$ の値がプラスであったりマイナスであったりするので，それらを合計した公式(1)の分子は，ゼロに近い値になるでしょう．

このように，公式(1)の分子は，正の相関が強ければプラスの大きな値，負の相関が強ければマイナスの大きな値になるように作られています．しかしこのままでは，データの数や値によっては際限なく大きくなってしまうおそれがあります．そこで，この分子がとり得る最大の値で分子を割ってしまいます．そのためには，35ページでお目にかかった**シュワルツの不等式**の a_i の代りに $(x_i - \overline{x})$ を，b_i

の代りに $(y_i-\bar{y})$ を代入します. そして, 両辺の平方根をとると

$$\sum(x_i-\bar{x})(y_i-\bar{y}) \leqq \sqrt{\sum(x_i-\bar{x})^2 \cdot \sum(y_i-\bar{y})^2}$$

の関係があることを利用して, この式の右辺で割ればいいはずです. こうしてできたのが公式(1)であり, r が $-1〜1$ の間にぴったりと納まる仕掛けです.

関連する公式　　x_i と y_i がともに順位を表わす 1, 2, 3, …, n であるとき, 相関の強さは

$$順位相関係数 = 1 - \frac{6\sum(順位の差)^2}{n(n^2-1)} \qquad (2)$$

で求められます.

　例題をやってみましょう. 稲垣君と姫野君に, 日本酒, ビール, ウィスキー, ワイン, カクテルに対して好みの順位をつけてもらったところ

　　稲垣君　　1　3　5　2　4
　　姫野君　　3　1　4　2　5

でした. 2人の好みに相関はあるでしょうか.

$$1 - \frac{6\{(1-3)^2+(3-1)^2+(5-4)^2+(2-2)^2+(4-5)^2\}}{5(5^2-1)}$$
$$= 1-0.5 = 0.5$$

ですから, ほどほどの正の相関があるといえるでしょう.

　参　考　　(1)　公式(1)で表わされる相関係数は, 正確には**ピアソンの積率相関係数**と呼ばれますが, 単に相関係数といえば, この値を指すのがふつうです.

　(2)　公式(2)のほうは, 正確には**スピアマンの順位相関係数**と呼ばれ, 公式(1)の特殊な場合として導き出すことができます.

7.9 回　　帰

回帰　2つ以上の変量どうしの間に相関が認められるとき，変量どうしの関係を曲線や曲面などで代表することを回帰といいます．

直線回帰　2つの変量 x_i と y_i の間に相関が認められるとき，変量間の関係を1本の直線で示すことを直線回帰といい，その直線を**回帰直線**といいます．回帰直線の方程式は

$$y = ax + b \text{ とすると} \tag{1}$$

$$a = \frac{\sum x_i y_i - n\bar{x}\bar{y}}{\sum x_i{}^2 - n\bar{x}^2} \tag{2}$$

$$b = \bar{y} - a\bar{x} \tag{3}$$

で求められます．

例題　239ページのデータを回帰する直線の方程式を求めてください．

答　回帰直線を $y = ax + b$ として，a と b を求める計算は，つぎのように進行します．

x_i	y_i	$x_i y_i$	$x_i{}^2$
2	2	4	4
3	3	9	9
5	2	10	25
6	5	30	36
$\sum x_i = 16$ $\bar{x} = 4$	$\sum y_i = 12$ $\bar{y} = 3$	$\sum x_i y_i = 53$	$\sum x_i{}^2 = 74$

$$a = \frac{53 - 4 \times 4 \times 3}{74 - 4 \times 4^2} = 0.5$$

$$b = 3 - 0.5 \times 4 = 1$$

したがって，回帰直線の方程式は

$$y = 0.5x + 1$$

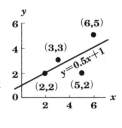

となります．右図を見てください．この直線
は4つのデータの傾向をうまくなぞっている
ではありませんか．

公式(1), (2), (3)の由来

データを表わす黒点の，直線からの離れ方を総合した値が最小に
なるように，直線の方程式

$$y = ax + b$$

の a と b とを決めてやりましょう．あ
る黒点 (x_i, y_i) がこの直線上にあれば

$$y_i = ax_i + b$$

であるはずですが，現実には直線から ε_i（ε はイプシロンと読みま
す）だけ離れていますから

$$y_i = ax_i + b + \varepsilon_i$$

すなわち　$\varepsilon_i = y_i - ax_i - b$

の関係にあります．この ε_i は，ある黒点の直線からの離れ方を示し
ていますから，すべての ε_i を総合した値を最小にすれば，目的を達
するはずです．ε_i を総合するために，すべての ε_i を2乗して合計す
ることにします．2乗してから合計するのは，ε_i がプラスであって
もマイナスであっても離れ方としては同じことなので，2乗するこ
とによってマイナス符号を消してしまうのだと思っておいてくださ
い．こうして私たちは

$$\sum \varepsilon_i{}^2 = \sum (y_i - ax_i - b)^2$$

が最小になるように a と b を決めることになったのですが, そのためには 166 ページの考え方によって, 2 つの**偏微分方程式**

$$\frac{\partial}{\partial a}\sum \varepsilon_i{}^2 = 0$$

$$\frac{\partial}{\partial b}\sum \varepsilon_i{}^2 = 0$$

を連立して解けばいいはずです. 計算過程は省略しますが, こうして求めたのが公式 (2) と (3) です.

　なお, このように誤差 (いまの例では ε_i) の 2 乗の合計を最小にする方法は, **最小 2 乗法**と呼ばれています.

　参　考　(1)　データの配列が直線的ではなく曲線的であるときには, 曲線で回帰する必要があります. 曲線の中でいちばん簡単なのは

$$y = ax^2 + bx + c$$

で表わされる 2 次曲線であり, $\sum x_i$ や $\bar{x}$ がゼロになるように x を平行移動するなどのくふうをしたうえで最小 2 乗法を使うと

$$a = \frac{n\sum x_i^2 y_i - \sum x_i^2 \sum y_i}{n\sum x_i^4 - (\sum x_i^2)^2}$$

$$b = \frac{\sum x_i y_i}{\sum x_i^2}$$

$$c = \frac{\sum x_i^4 \sum y_i - \sum x_i^2 \sum x_i^2 y_i}{n\sum x_i^4 - (\sum x_i^2)^2}$$

で表わされます. 式の姿におじけづかないでください. 計算の進行は 242 ページの例題に毛が生えた程度ですから.

　(2)　データの現象的な意味からみて, 指数曲線などで回帰するのが適当と考えられることも少なくありません.

（3）　数種類の曲線で回帰してみて，どれがもっともよく回帰しているかを比較する方法も，いろいろとくふうされています．

（4）　回帰は，過去のデータの傾向を未来へ向けて延長し，未来を予測するための主要な手法です．

（5）　回帰（regression）という用語は，一般には，ひとめぐりして元に戻ってくることを意味します．それが，なぜ，いくつかの点を直線や曲線で代表することの用語になったかというと……．

　ある生物学者は，背が高い親からは背の高い子が，背の低い親からは背の低い子が生れるから，親と子の身長の間には 45°の傾きを持つ直線的な関係があると信じていました．ところが実態を調べてみると，大きな親はそれほど大きな子を生まず，小さな親はそれほど小さな子を生まずに，子供の身長は平均値のほうへ回帰してしまったのです．そのため，親と子の身長の関係は 45°よりゆるやかな直線になりました．この現象に興味を感じた生物学者が，この直線を回帰直線と名づけた，といわれています．

7 世紀の昔，ルイ王朝時代にシュバリエ・ド・メレという貴族がいました．2 つのサイを 24 回ふり，少なくとも 1 回は⋅のゾロ目が出るか否かの賭を挑まれたとき，彼はちゅうちょなくゾロ目が出るほうに賭けました．2 つのサイを 1 回ふったとき，⋅のゾロ目が出る確率は 1/36 だから，24 回もふるなら，⋅のゾロ目が 24/36 の確率で出るはずと信じたからです．

ところが，賭が進むにつれて，ド・メレ卿の財布は除々に軽くなっていきます．合点のいかないド・メレ卿は，数学者のパスカルに手紙を書いて助けを求めました．パスカルは考え，計算し，数学者フェルマーと意見を交し……，こうして確率論の基礎が作られていったと，いわれています．

（216 ページの例題 6 を参照してください．）

付録(1)　ギリシャ文字とローマ文字の対照表

大文字	小文字	読み方	相当するローマ字
A	α	アルファ	A
B	β	ベータ	B
Γ	γ	ガンマ	G
Δ	δ	デルタ	D
E	ε	イプシロン	短音の E
Z	ζ	ゼータ	Z
H	η	イータ	長音の E
Θ	θ	シータ	T H
I	ι	イオタ	I
K	κ	カッパ	K
Λ	λ	ラムダ	L
M	μ	ミュー	M
N	ν	ニュー	N
Ξ	ξ	クシー	X
O	o	オミクロン	短音の O
Π	π	パイ	P
P	ρ	ロー	R
Σ	σ	シグマ	S
T	τ	タウ	T
Υ	υ	ユプシロン	Y
Φ	ϕまたはφ	ファイ	F
X	χ	カイ	C H
Ψ	ψ	プサイ	P S
Ω	ω	オメガ	長音の O

付録(2)　$a^0=1$,　$0!=1$,　${}_nC_0=1$ の理由

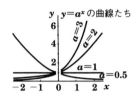

　まず，右の図を見ていただきましょう．
これは，$y=a^x$ の曲線を，a の値を 3，2，
1，0.5 と変化させながら描いたものです．
x が 0 のところについては，a をゼロ回か
け合せるという意味がわからないので，曲

線がとぎれています．しかし，このグラフを見れば，a^0 は 1 でないと
納まりがつきません．

　そのうえ，指数計算の法則によれば

$$a^n \times a^{-n} = a^{n-n} = a^0$$

ですし，いっぽう

$$a^n \times a^{-n} = \frac{a^n}{a^n} = 1$$

ですから，この両方を見較べると

$$a^0 = 1$$

でなければ，つじつまが合いません．このように，a^0 は量の連続性か
らみても，数学のつじつまから見ても，1 でなければなりませんので，
$a^0=1$ と約束するのです．そして，こう約束すると対数の定義からして

$$\log_a 1 = 0$$

も，当然のことです．

　つぎに，$0!=1$ にすすみます．15 ページで ${}_nP_r$ を求めるときに，n 個
の中から r 個を取り出した並べ方は

$$_nP_r = n(n-1)(n-2)\cdots(n-r+1) \tag{A}$$

とおりあることから，この右辺に $(n-r) \times \cdots \times 3 \times 2 \times 1$ を掛けたうえで
同じもので割り

$$_nP_r = \frac{n!}{(n-r)!} \tag{B}$$

という公式を作り出したのでした．この(A)式と(B)式で $r=n$ とおいてみてください．

(A)式は $_nP_r = n!$

(B)式は $_nP_r = \frac{n!}{0!}$

となってしまいます．これでは，どうしても，0!=1 でないとつじつまが合いません．だから 0!=1 と約束するのです．この約束は，数学体系のどこにも波乱を起こさず，八方円満におさまるので，数学上の定義として認められています．

　最後は，$_nC_0 = 1$ です．ここで 19 ページの公式(2)

$$_nC_r = {_nC_{n-r}}$$

を思い出していただきます．たとえば，5 人のうち 3 人を指名するということは，指名しない 2 人を指定することと同じことですから，この公式が成り立つのでした．それなら，$_nC_n = {_nC_0}$ のはずです．n 個から n 個を取り出す方法は，n 個をまとめて取り出すしか手がありませんから，$_nC_n$ は 1 です．だから，$_nC_0 = 1$ なのです．そして，この約束にしたがえば，21 ページのパスカルの三角形もきれいな左右対称の形になるし，24 ページの二項展開とも整合して，いい気持ではありませんか．

付録(3)　$\displaystyle \lim_{\theta \to 0} \frac{\sin\theta}{\theta} = 1$ の証明

　右の図で，$OA = OB = r$ なので，$\triangle OAB$ は2等辺三角形です．また，$\triangle OAC$ は直角三角形です．さらに，O を中心として半径 r の扇形も描いてあります．この3つの図形の面積を比較すると

$$\triangle OAB < \text{扇形} OAB < \triangle OAC \qquad (\,\text{a}\,)$$

の**不等式**が成立することに異存はないでしょう．そこで，これらの面積を調べていきます．$\triangle OAB$ は，底辺が r で，高さが $r\sin\theta$ なので

$$\triangle OAB = \frac{1}{2} r^2 \sin\theta \qquad (\,\text{b}\,)$$

です．扇形 OAB は，半径 r の円の面積 πr^2 の $\theta/2\pi$ ですから

$$\text{扇形}\, OAB = \pi r^2 \frac{\theta}{2\pi} = \frac{1}{2} r^2 \theta \qquad (\,\text{c}\,)$$

となります．$\triangle OAC$ は，底辺が r で高さが $r\tan\theta$ なので

$$\triangle OAC = \frac{1}{2} r^2 \tan\theta \qquad (\,\text{d}\,)$$

です．そこで，（b），（c），（d）の各式を（a）に入れると

$$\frac{1}{2} r^2 \sin\theta < \frac{1}{2} r^2 \theta < \frac{1}{2} r^2 \tan\theta$$

を得ます．ここで，$(1/2)r^2$ は正の値なので，各辺をいっせいに $(1/2)r^2$ で割っても不等式の向きは変わりませんから

$$\sin\theta < \theta < \tan\theta$$

とすることができます．さらに前の図では，θ を正の鋭角として扱っていますから，$\sin\theta$ は正の値です．そうすると，この式の各辺をいっせいに $\sin\theta$ で割っても不等式の向きは変わりませんから

$$1 < \frac{\theta}{\sin\theta} < \frac{1}{\cos\theta} \qquad \left(\tan\theta = \frac{\sin\theta}{\cos\theta}\text{だから}\right)$$

が成立します。つぎに，この各辺はぜんぶ正の値ですから，各辺の逆数をとると不等式の向きが反対になり

$$1 > \frac{\sin\theta}{\theta} > \cos\theta$$

という形になります。こうして，$\sin\theta/\theta$ を両側から挟み討ちにする態勢が整いました。

　さて，この式で θ をどんどん小さくしたら，どうなるでしょうか。1は1のままで変わりません。$\cos\theta$ はどんどんと限りなく1に近づいていきます。そうすると，1と $\cos\theta$ の間に挟まれている $\sin\theta/\theta$ も，1に近づいていくよりほかに生きる道はありません。こうして

$$\lim_{\theta\to 0}\frac{\sin\theta}{\theta} = 1$$

は証明されました。

　いまの証明では，θ は正であり，正のほうからゼロに近づいていく極限を考えました。マイナスのほうから近づいたら別の結果になるのではないかと心配される方は，前図を OA に対称にひっくり返し，OA より下はマイナスの領域と考えて，同様な計算を試みていただきたいと思います。同じ結果に到達して，ご満足いただけるはずですから……。

付録(4)　円の面積と球の体積を求める

　右の図は半径 a の円を描いたものです. そして,
ある基準線 OA から反時計回りに θ だけ進んだと
ころに, ごく小さな $d\theta$ の角度をとります. また,
中心 O から r だけ離けたところに, ごく小さな dr
の幅をとりましょう. そうすると, 薄ずみを塗った
小さな区画が浮かび上ります. この区画の $d\theta$ 方向の長さは $r \cdot d\theta$ です.
なぜかというと, 半径 r のところの円周は $2\pi r$ であり, そのうち $d\theta$
の角度で切りとられる長さは, その $d\theta / 2\pi$ だからです. したがって,
薄ずみを塗った小さな区画の面積は

$$r \cdot d\theta \cdot dr$$

で表わされます. この面積を円の全域について寄せ集めれば, それが円
の面積となるにちがいありません.

　まず, $d\theta$ を固定したまま, この面積を r の方向に寄せ集めましょ
う. $d\theta$ は定数とみなしているので, 積分の外に出すことができます.

$$\int_0^a (r d\theta) dr = \left\{ \int_0^a r dr \right\} d\theta = \frac{1}{2} a^2 \cdot d\theta \qquad (\text{a})$$

この値が, 半径が r で角度が $d\theta$ の細長い扇形の面積を表わします. つ
ぎに, この扇形の面積を θ の方向の全域について集めましょう.

$$S = \int_0^{2\pi} \frac{1}{2} a^2 d\theta = a^2 \pi \qquad (\text{b})$$

こうして, よく知られた円の面積の公式が求まりました.

---

　*　ふつうの座標は x 軸と y 軸が直交しているので**直交座標**と呼ばれます.
　　それに対して, 基準線からの角度 θ と原点からの距離 r で位置を表現する
　　ような座標を**極座標**といいます.

ここで，（a）式と（b）式をまとめてみると

$$S = \int_0^{2\pi} \left\{ \int_0^a r\,dr \right\} d\theta \qquad (\text{c})$$

となっています．ふつうは，この{ }を省略して

$$S = \int_0^{2\pi} \int_0^a r\,dr\,d\theta \qquad (\text{d})$$

と書きます．このように，$\int$ が二重になった積分は**二重積分**と呼ばれています．

つぎに，球の体積にすすみましょ
う．考え方は，円の面積のときと同じ
です．図に薄ずみを塗った小さな立方
体の体積は

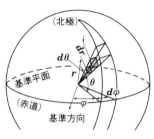

$$dr \cdot r\,d\theta \cdot r\cos\theta\,d\varphi$$
$$= r^2 \cos\theta\,dr\,d\theta\,d\varphi$$

なので，球の体積は

$$V = \int_0^{2\pi} \int_{-\frac{\pi}{2}}^{\frac{\pi}{2}} \int_0^a r^2 \cos\theta\,dr\,d\theta\,d\varphi = \frac{4}{3}\pi a^3 \qquad (\text{e})$$

というわけです．これが**三重積分**といわれることは，もちろんです．

付録(5)　論理と集合と数の演算法則

		論 理 の 世 界	集 合 の 世 界	数 の 世 界
交換法則	乗　法	$p \wedge q = q \wedge p$	$A \cap B = B \cap A$	$a \times b = b \times a$
	加　法	$p \vee q = q \vee p$	$A \cup B = B \cup A$	$a + b = b + a$
結合法則	乗　法	$p \wedge (q \wedge r) = (p \wedge q) \wedge r$	$A \cap (B \cap C) = (A \cap B) \cap C$	$a \times (b \times c) = (a \times b) \times c$
	加　法	$p \vee (q \vee r) = (p \vee q) \vee r$	$A \cup (B \cup C) = (A \cup B) \cup C$	$a + (b + c) = (a + b) + c$
分配法則	乗法の加法に対する	$p \wedge (q \vee r) = (p \wedge q) \vee (p \wedge r)$	$A \cap (B \cup C) = (A \cap B) \cup (A \cap C)$	$a \times (b + c) = (a \times b) + (a \times c)$
	加法の乗法に対する	$p \vee (q \wedge r) = (p \vee q) \wedge (p \vee r)$	$A \cup (B \cap C) = (A \cup B) \cap (A \cup C)$	成立しない

付録(6)　数　表

常用対数表 $\log_{10}x$

x	0	1	2	3	4	5	6	7	8	9
100	0000	0004	0009	0013	0017	0022	0026	0030	0035	0039
101	0043	0048	0052	0056	0060	0065	0069	0073	0077	0082
102	0086	0090	0095	0099	0103	0107	0111	0116	0120	0124
103	0128	0133	0137	0141	0145	0149	0154	0158	0162	0166
104	0170	0175	0179	0183	0187	0191	0195	0199	0204	0208
105	0212	0216	0220	0224	0228	0233	0237	0241	0245	0249
106	0253	0257	0261	0265	0269	0273	0278	0282	0286	0290
107	0294	0298	0302	0306	0310	0314	0318	0322	0326	0330
108	0334	0338	0342	0346	0350	0354	0358	0362	0366	0370
109	0374	0378	0382	0386	0390	0394	0398	0402	0406	0410
110	0414	0418	0422	0426	0430	0434	0438	0442	0445	0449
11	0414	0453	0492	0531	0569	0607	0645	0682	0719	0755
12	0792	0828	0864	0899	0934	0969	1004	1038	1072	1106
13	1139	1173	1206	1239	1271	1303	1335	1367	1399	1430
14	1461	1492	1523	1553	1584	1614	1644	1673	1703	1732
15	1761	1790	1818	1847	1875	1903	1931	1959	1987	2014
16	2041	2068	2095	2122	2148	2175	2201	2227	2253	2279
17	2304	2330	2355	2380	2405	2430	2455	2480	2504	2529
18	2553	2577	2601	2625	2648	2672	2695	2718	2742	2765
19	2788	2810	2833	2856	2878	2900	2923	2945	2967	2989
20	3010	3032	3054	3075	3096	3118	3139	3160	3181	3201
21	3222	3243	3263	3284	3304	3324	3345	3365	3385	3404
22	3424	3444	3464	3483	3502	3522	3541	3560	3579	3598
23	3617	3636	3655	3674	3692	3711	3729	3747	3766	3784
24	3802	3820	3838	3856	3874	3892	3909	3927	3945	3962
25	3979	3997	4014	4031	4048	4065	4082	4099	4116	4133
26	4150	4166	4183	4200	4216	4232	4249	4265	4281	4298
27	4314	4330	4346	4362	4378	4393	4409	4425	4440	4456
28	4472	4487	4502	4518	4533	4548	4564	4579	4594	4609
29	4624	4639	4654	4669	4683	4698	4713	4728	4742	4757
30	4771	4786	4800	4814	4829	4843	4857	4871	4886	4900
31	4914	4928	4942	4955	4969	4983	4997	5011	5024	5038
32	5051	5065	5079	5092	5105	5119	5132	5145	5159	5172
33	5185	5198	5211	5224	5237	5250	5263	5276	5289	5302
34	5315	5328	5340	5353	5366	5378	5391	5403	5416	5428
35	5441	5453	5465	5478	5490	5502	5514	5527	5539	5551
36	5563	5575	5587	5599	5611	5623	5635	5647	5658	5670
37	5682	5694	5705	5717	5729	5740	5752	5763	5775	5786
38	5798	5809	5821	5832	5843	5855	5866	5877	5888	5899
39	5911	5922	5933	5944	5955	5966	5977	5988	5999	6010
40	6021	6031	6042	6053	6064	6075	6085	6096	6107	6117
41	6128	6138	6149	6160	6170	6180	6191	6201	6212	6222
42	6232	6243	6253	6263	6274	6284	6294	6304	6314	6325
43	6335	6345	6355	6365	6375	6385	6395	6405	6415	6425
44	6435	6444	6454	6464	6474	6484	6493	6503	6513	6522
45	6532	6542	6551	6561	6571	6580	6590	6599	6609	6618
46	6628	6637	6646	6656	6665	6675	6684	6693	6702	6712
47	6721	6730	6739	6749	6758	6767	6776	6785	6794	6803
48	6812	6821	6830	6839	6848	6857	6866	6875	6884	6893
49	6902	6911	6920	6928	6937	6946	6955	6964	6972	6981

x	0	1	2	3	4	5	6	7	8	9
50	6990	6998	7007	7016	7024	7033	7042	7050	7059	7067
51	7076	7084	7093	7101	7110	7118	7126	7135	7143	7152
52	7160	7168	7177	7185	7193	7202	7210	7218	7226	7235
53	7243	7251	7259	7267	7275	7284	7292	7300	7308	7316
54	7324	7332	7340	7348	7356	7364	7372	7380	7388	7396
55	7404	7412	7419	7427	7435	7443	7451	7459	7466	7474
56	7482	7490	7497	7505	7513	7520	7528	7536	7543	7551
57	7559	7566	7574	7582	7589	7597	7604	7612	7619	7627
58	7634	7642	7649	7657	7664	7672	7679	7686	7694	7701
59	7709	7716	7723	7731	7738	7745	7752	7760	7767	7774
60	7782	7789	7796	7803	7810	7818	7825	7832	7839	7846
61	7853	7860	7868	7875	7882	7889	7896	7903	7910	7917
62	7924	7931	7938	7945	7952	7959	7966	7973	7980	7987
63	7993	8000	8007	8014	8021	8028	8035	8041	8048	8055
64	8062	8069	8075	8082	8089	8096	8102	8109	8116	8122
65	8129	8136	8142	8149	8156	8162	8169	8176	8182	8189
66	8195	8202	8209	8215	8222	8228	8235	8241	8248	8254
67	8261	8267	8274	8280	8287	8293	8299	8306	8312	8319
68	8325	8331	8338	8344	8351	8357	8363	8370	8376	8382
69	8388	8395	8401	8407	8414	8420	8426	8432	8439	8445
70	8451	8457	8463	8470	8476	8482	8488	8494	8500	8506
71	8513	8519	8525	8531	8537	8543	8549	8555	8561	8567
72	8573	8579	8585	8591	8597	8603	8609	8615	8621	8627
73	8633	8639	8645	8651	8657	8663	8669	8675	8681	8686
74	8692	8698	8704	8710	8716	8722	8727	8733	8739	8745
75	8751	8756	8762	8768	8774	8779	8785	8791	8797	8802
76	8808	8814	8820	8825	8831	8837	8842	8848	8854	8859
77	8865	8871	8876	8882	8887	8893	8899	8904	8910	8915
78	8921	8927	8932	8938	8943	8949	8954	8960	8965	8971
79	8976	8982	8987	8993	8998	9004	9009	9015	9020	9025
80	9031	9036	9042	9047	9053	9058	9063	9069	9074	9079
81	9085	9090	9096	9101	9106	9112	9117	9122	9128	9133
82	9138	9143	9149	9154	9159	9165	9170	9175	9180	9186
83	9191	9196	9201	9206	9212	9217	9222	9227	9232	9238
84	9243	9248	9253	9258	9263	9269	9274	9279	9284	9289
85	9294	9299	9304	9309	9315	9320	9325	9330	9335	9340
86	9345	9350	9355	9360	9365	9370	9375	9380	9385	9390
87	9395	9400	9405	9410	9415	9420	9425	9430	9435	9440
88	9445	9450	9455	9460	9465	9469	9474	9479	9484	9489
89	9494	9499	9504	9509	9513	9518	9523	9528	9533	9538
90	9542	9547	9552	9557	9562	9566	9571	9576	9581	9586
91	9590	9595	9600	9605	9609	9614	9619	9624	9628	9633
92	9638	9643	9647	9652	9657	9661	9666	9671	9675	9680
93	9685	9689	9694	9699	9703	9708	9713	9717	9722	9727
94	9731	9736	9741	9745	9750	9754	9759	9763	9768	9773
95	9777	9782	9786	9791	9795	9800	9805	9809	9814	9818
96	9823	9827	9832	9836	9841	9845	9850	9854	9859	9863
97	9868	9872	9877	9881	9886	9890	9894	9899	9903	9908
98	9912	9917	9921	9926	9930	9934	9939	9943	9948	9952
99	9956	9961	9965	9969	9974	9978	9983	9987	9991	9996

常用対数による数値計算

まず，常用対数表の読み方からはじめます．右の表は，ふつうに使われている常用対数表の一部です．この表の数字には，どこにもコンマが打ってありませんが，位どりはつぎのように読んでください．x の下の 20, 21, 22, 23, 24 は，それぞれ

x	0	1	2	3
20	3010	3032	3054	3075
21	3222	3243	3263	3284
22	3424	3444	3464	3483
23	3617	3636	3655	3674
24	3802	3820	3838	3856

2.0 2.1 2.2 2.3 2.4

を表しています．また，x の右の 0, 1, 2, 3 は，それぞれ，もう 1 つ下の桁を表わします．たとえば，表の中に点線でかこった 3636 は，2.31 に対応する対数の値です．そして，表中の 3636 は，0.3636 を表わしているのです．つまり

$$\log_{10} 2.31 = 0.3636$$

ということです．10 を 0 乗すれば 1，10 を 1 乗すれば 10 ですから，10 を 0.3636 乗すると 2.31 になるのは，いいところでしょう．同じように数表から

$$\log_{10} 2.43 = 0.3856, \quad \log_{10} 2.10 = 0.3222$$

などを確かめてみてください．

以上の位どりを基準にして，x の値が 1 桁あがるごとに，対数に 1 を加えてやります．たとえば

$$\log_{10} 2.31 = 0.3636$$

$$\log_{10} 23.1 = 1.3636$$

$$\log_{10} 231 = 2.3636$$

$$\log_{10} 2310 = 3.3636$$

というぐあいです．つまり，対数の値でコンマ以上の頭の数字は，もとの値では，コンマ以上の桁数を表わしていることになります．なぜかと

いうと，たとえば

$$\log_{10} 231 = \log_{10}(2.31 \times 10^2) = \log_{10} 2.31 + \log_{10} 10^2$$
$$= \log_{10} 2.31 + 2\log_{10} 10 = \log_{10} 2.31 + 2$$
$$= 2.3636$$

だからです．

さて，この対数表を使った数値計算にはいります．

$$y = 2.31^{56}$$

という値を計算してみましょう．まず，両辺の対数をとって

$$\log_{10} y = \log_{10} 2.31^{56} = 56\log_{10} 2.31$$

対数表によって，$\log_{10} 2.31$ は 0.3636 ですから

$$\log_{10} y = 56 \times 0.3636 = 20.3616$$

となります．ここで，20.3616 のうち，頭の 20 は y のコンマ以上の桁数を表わす値ですから，ひとまず脇におき，対数が 0.3616 になるような値を対数表から探します．表を見ると 3616 にもっとも近い値として 3617 が見つかり，このときのもとの値（表では x）は，2.30 であることがわかります．したがって，y は 2.30 を 20 桁だけ繰り上げた値

$$y = 2.30 \times 10^{20}$$

であり，すなわち

$$2.31^{56} = 2.30 \times 10^{20}$$

が求められたことになります．理屈っぽく数式で書くと

$$\log_{10} y = 20.3616$$
$$= \log_{10} 2.30 + 20\log_{10} 10$$
$$= \log_{10}(2.30 \times 10^{20})$$

対数で書かれている両辺を元の値に戻すと

$$y = 2.30 \times 10^{20}$$

というわけです．

三角関数 （sin, cos）表

sin *x*

x	0′	6′	12′	18′	24′	30′	36′	42′	48′	54′	60′	—
0°	.0000	.0017	.0035	.0052	.0070	.0087	.0105	.0122	.0140	.0157	.0175	89°
1°	.0175	.0192	.0209	.0227	.0244	.0262	.0279	.0297	.0314	.0332	.0349	88°
2°	.0349	.0366	.0384	.0401	.0419	.0436	.0454	.0471	.0488	.0506	.0523	87°
3°	.0523	.0541	.0558	.0576	.0593	.0610	.0628	.0645	.0663	.0680	.0698	86°
4°	.0698	.0715	.0732	.0750	.0767	.0785	.0802	.0819	.0837	.0854	.0872	85°
5°	.0872	.0889	.0906	.0924	.0941	.0958	.0976	.0993	.1011	.1028	.1045	84°
6°	.1045	.1063	.1080	.1097	.1115	.1132	.1149	.1167	.1184	.1201	.1219	83°
7°	.1219	.1236	.1253	.1271	.1288	.1305	.1323	.1340	.1357	.1374	.1392	82°
8°	.1392	.1409	.1426	.1444	.1461	.1478	.1495	.1513	.1530	.1547	.1564	81°
9°	.1564	.1582	.1599	.1616	.1633	.1650	.1668	.1685	.1702	.1719	.1736	80°
10°	.1736	.1754	.1771	.1788	.1805	.1822	.1840	.1857	.1874	.1891	.1908	79°
11°	.1908	.1925	.1942	.1959	.1977	.1994	.2011	.2028	.2045	.2062	.2079	78°
12°	.2079	.2096	.2113	.2130	.2147	.2164	.2181	.2198	.2215	.2233	.2250	77°
13°	.2250	.2267	.2284	.2300	.2317	.2334	.2351	.2368	.2385	.2402	.2419	76°
14°	.2419	.2436	.2453	.2470	.2487	.2504	.2521	.2538	.2554	.2571	.2588	75°
15°	.2588	.2605	.2622	.2639	.2656	.2672	.2689	.2706	.2723	.2740	.2756	74°
16°	.2756	.2773	.2790	.2807	.2823	.2840	.2857	.2874	.2890	.2907	.2924	73°
17°	.2924	.2940	.2957	.2974	.2990	.3007	.3024	.3040	.3057	.3074	.3090	72°
18°	.3090	.3107	.3123	.3140	.3156	.3173	.3190	.3206	.3223	.3239	.3256	71°
19°	.3256	.3272	.3289	.3305	.3322	.3338	.3355	.3371	.3387	.3404	.3420	70°
20°	.3420	.3437	.3453	.3469	.3486	.3502	.3518	.3535	.3551	.3567	.3584	69°
21°	.3584	.3600	.3616	.3633	.3649	.3665	.3681	.3697	.3714	.3730	.3746	68°
22°	.3746	.3762	.3778	.3795	.3811	.3827	.3843	.3859	.3875	.3891	.3907	67°
23°	.3907	.3923	.3939	.3955	.3971	.3987	.4003	.4019	.4035	.4051	.4067	66°
24°	.4067	.4083	.4099	.4115	.4131	.4147	.4163	.4179	.4195	.4210	.4226	65°
25°	.4226	.4242	.4258	.4274	.4289	.4305	.4321	.4337	.4352	.4368	.4384	64°
26°	.4384	.4399	.4415	.4431	.4446	.4462	.4478	.4493	.4509	.4524	.4540	63°
27°	.4540	.4555	.4571	.4586	.4602	.4617	.4633	.4648	.4664	.4679	.4695	62°
28°	.4695	.4710	.4726	.4741	.4756	.4772	.4787	.4802	.4818	.4833	.4848	61°
29°	.4848	.4863	.4879	.4894	.4909	.4924	.4939	.4955	.4970	.4985	.5000	60°
30°	.5000	.5015	.5030	.5045	.5060	.5075	.5090	.5105	.5120	.5135	.5150	59°
31°	.5150	.5165	.5180	.5195	.5210	.5225	.5240	.5255	.5270	.5284	.5299	58°
32°	.5299	.5314	.5329	.5344	.5358	.5373	.5388	.5402	.5417	.5432	.5446	57°
33°	.5446	.5461	.5476	.5490	.5505	.5519	.5534	.5548	.5563	.5577	.5592	56°
34°	.5592	.5606	.5621	.5635	.5650	.5664	.5678	.5693	.5707	.5721	.5736	55°
35°	.5736	.5750	.5764	.5779	.5793	.5807	.5821	.5835	.5850	.5884	.5878	54°
36°	.5878	.5892	.5906	.5920	.5934	.5948	.5962	.5976	.5990	.6004	.6018	53°
37°	.6018	.6032	.6046	.6060	.6074	.6088	.6101	.6115	.6129	.6143	.6157	52°
38°	.6157	.6170	.6184	.6198	.6211	.6225	.6239	.6252	.6266	.6280	.6293	51°
39°	.6293	.6307	.6320	.6334	.6347	.6361	.6374	.6388	.6401	.6414	.6428	50°
40°	.6428	.6441	.6455	.6468	.6481	.6494	.6508	.6521	.6534	.6547	.6561	49°
41°	.6561	.6574	.6587	.6600	.6613	.6626	.6639	.6652	.6665	.6678	.6691	48°
42°	.6691	.6704	.6717	.6730	.6743	.6756	.6769	.6782	.6794	.6807	.6820	47°
43°	.6820	.6833	.6845	.6858	.6871	.6884	.6896	.6909	.6921	.6934	.6947	46°
44°	.6947	.6959	.6972	.6984	.6997	.7009	.7022	.7034	.7046	.7059	.7071	45°
—	60′	54′	48′	42′	36′	30′	24′	18′	12′	6′	0′	*y*

cos *y*

sin x

x	0'	6'	12'	18'	24'	30'	36'	42'	48'	54'	60'	—
45°	.7071	.7083	.7096	.7108	.7120	.7133	.7145	.7157	.7169	.7181	.7193	44°
46°	.7193	.7206	.7218	.7230	.7242	.7254	.7266	.7278	.7290	.7302	.7314	43°
47°	.7314	.7325	.7337	.7349	.7361	.7373	.7385	.7396	.7408	.7420	.7431	42°
48°	.7431	.7443	.7455	.7466	.7478	.7490	.7501	.7513	.7524	.7536	.7547	41°
49°	.7547	.7559	.7570	.7581	.7593	.7604	.7615	.7627	.7638	.7649	.7660	40°
50°	.7660	.7672	.7683	.7694	.7705	.7716	.7727	.7738	.7749	.7760	.7771	39°
51°	.7771	.7782	.7793	.7804	.7815	.7826	.7837	.7848	.7859	.7869	.7880	38°
52°	.7880	.7891	.7902	.7912	.7923	.7934	.7944	.7955	.7965	.7976	.7986	37°
53°	.7986	.7997	.8007	.8018	.8028	.8039	.8049	.8059	.8070	.8080	.8090	36°
54°	.8090	.8100	.8111	.8121	.8131	.8141	.8151	.8161	.8171	.8181	.8192	35°
55°	.8192	.8202	.8211	.8221	.8231	.8241	.8251	.8261	.8271	.8281	.8290	34°
56°	.8290	.8300	.8310	.8320	.8329	.8339	.8348	.8358	.8368	.8377	.8387	33°
57°	.8387	.8396	.8406	.8415	.8425	.8434	.8443	.8453	.8462	.8471	.8480	32°
58°	.8480	.8490	.8499	.8508	.8517	.8526	.8536	.8545	.8554	.8563	.8572	31°
59°	.8572	.8581	.8590	.8599	.8607	.8616	.8625	.8634	.8643	.8652	.8660	30°
60°	.8660	.8669	.8678	.8686	.8695	.8704	.8712	.8721	.8729	.8738	.8748	29°
61°	.8746	.8755	.8763	.8771	.8780	.8788	.8796	.8805	.8813	.8821	.8829	28°
62°	.8829	.8838	.8846	.8854	.8862	.8870	.8878	.8886	.8894	.8902	.8910	27°
63°	.8910	.8918	.8926	.8934	.8942	.8949	.8957	.8965	.8973	.8980	.8988	26°
64°	.8988	.8996	.9003	.9011	.9018	.9026	.9033	.9041	.9048	.9056	.9063	25°
65°	.9063	.9070	.9078	.9085	.9092	.9100	.9107	.9114	.9121	.9128	.9135	24°
66°	.9135	.9143	.9150	.9157	.9164	.9171	.9178	.9184	.9191	.9198	.9205	23°
67°	.9205	.9212	.9219	.9225	.9232	.9239	.9245	.9252	.9259	.9265	.9272	22°
68°	.9272	.9278	.9285	.9291	.9298	.9304	.9311	.9317	.9323	.9330	.9336	21°
69°	.9336	.9342	.9348	.9354	.9361	.9367	.9373	.9379	.9385	.9391	.9397	20°
70°	.9397	.9403	.9409	.9415	.9421	.9426	.9432	.9438	.9444	.9449	.9455	19°
71°	.9455	.9461	.9466	.9472	.9478	.9483	.9489	.9494	.9500	.9505	.9511	18°
72°	.9511	.9516	.9521	.9527	.9532	.9537	.9542	.9548	.9553	.9558	.9563	17°
73°	.9563	.9568	.9573	.9578	.9583	.9588	.9593	.9598	.9603	.9608	.9613	16°
74°	.9613	.9617	.9622	.9627	.9632	.9636	.9641	.9646	.9650	.9655	.9659	15°
75°	.9659	.9664	.9668	.9673	.9677	.9681	.9686	.9690	.9694	.9699	.9703	14°
76°	.9703	.9707	.9711	.9715	.9720	.9724	.9728	.9732	.9736	.9740	.9744	13°
77°	.9744	.9748	.9751	.9755	.9759	.9763	.9767	.9770	.9774	.9778	.9781	12°
78°	.9781	.9785	.9789	.9792	.9796	.9799	.9803	.9806	.9810	.9813	.9816	11°
79°	.9816	.9820	.9823	.9826	.9829	.9833	.9836	.9839	.9842	.9845	.9848	10°
80°	.9848	.9851	.9854	.9857	.9860	.9863	.9866	.9869	.9871	.9874	.9877	9°
81°	.9877	.9880	.9882	.9885	.9888	.9890	.9893	.9895	.9898	.9900	.9903	8°
82°	.9903	.9905	.9907	.9910	.9912	.9914	.9917	.9919	.9921	.9923	.9925	7°
83°	.9925	.9928	.9930	.9932	.9934	.9936	.9938	.9940	.9942	.9943	.9945	6°
84°	.9945	.9947	.9949	.9951	.9952	.9954	.9956	.9957	.9959	.9960	.9962	5°
85°	.9962	.9963	.9965	.9966	.9968	.9969	.9971	.9972	.9973	.9974	.9976	4°
86°	.9976	.9977	.9978	.9979	.9980	.9981	.9982	.9983	.9984	.9985	.9986	3°
87°	.9986	.9987	.9988	.9989	.9990	.9990	.9991	.9992	.9993	.9993	.9994	2°
88°	.9994	.9995	.9995	.9996	.9996	.9997	.9997	.9997	.9998	.9998	.9998	1°
89°	.9998	.9999	.9999	.9999	.9999	1.0000	1.0000	1.0000	1.0000	1.0000	1.0000	0°
—	60'	54'	48'	42'	36'	30'	24'	18'	12'	6'	0'	y

cos y

三角関数（tan，cot）表

tan *x*

x	0′	6′	12′	18′	24′	30′	36′	42′	48′	54′	60′	—
0°	.0000	.0017	.0035	.0052	.0070	.0087	.0105	.0122	.0140	.0157	.0175	89°
1°	.0175	.0192	.0209	.0227	.0244	.0262	.0279	.0297	.0314	.0332	.0349	88°
2°	.0349	.0367	.0384	.0402	.0419	.0437	.0454	.0472	.0489	.0507	.0524	87°
3°	.0524	.0542	.0559	.0577	.0594	.0612	.0629	.0647	.0664	.0682	.0699	86°
4°	.0699	.0717	.0734	.0752	.0769	.0787	.0805	.0822	.0840	.0857	.0875	85°
5°	.0875	.0892	.0910	.0928	.0945	.0963	.0981	.0998	.1016	.1033	.1051	84°
6°	.1051	.1069	.1086	.1104	.1122	.1139	.1157	.1175	.1192	.1210	.1228	83°
7°	.1228	.1246	.1263	.1281	.1299	.1317	.1334	.1352	.1370	.1388	.1405	82°
8°	.1405	.1423	.1441	.1459	.1477	.1495	.1512	.1530	.1548	.1566	.1584	81°
9°	.1584	.1602	.1620	.1638	.1655	.1673	.1691	.1709	.1727	.1745	.1763	80°
10°	.1763	.1781	.1799	.1817	.1835	.1853	.1871	.1890	.1908	.1926	.1944	79°
11°	.1944	.1962	.1980	.1998	.2016	.2035	.2053	.2071	.2089	.2107	.2126	78°
12°	.2126	.2144	.2162	.2180	.2199	.2217	.2235	.2254	.2272	.2290	.2309	77°
13°	.2309	.2327	.2345	.2364	.2382	.2401	.2419	.2438	.2456	.2475	.2493	76°
14°	.2493	.2512	.2530	.2549	.2568	.2586	.2605	.2623	.2642	.2661	.2679	75°
15°	.2679	.2698	.2717	.2736	.2754	.2773	.2792	.2811	.2830	.2849	.2867	74°
16°	.2867	.2886	.2905	.2924	.2943	.2962	.2981	.3000	.3019	.3038	.3057	73°
17°	.3057	.3076	.3096	.3115	.3134	.3153	.3172	.3191	.3211	.3230	.3249	72°
18°	.3249	.3269	.3288	.3307	.3327	.3346	.3365	.3385	.3404	.3424	.3443	71°
19°	.3443	.3463	.3482	.3502	.3522	.3541	.3561	.3581	.3600	.3620	.3640	70°
20°	.3640	.3659	.3679	.3699	.3719	.3739	.3759	.3779	.3799	.3819	.3839	69°
21°	.3839	.3859	.3879	.3899	.3919	.3939	.3959	.3979	.4000	.4020	.4040	68°
22°	.4040	.4061	.4081	.4101	.4122	.4142	.4163	.4183	.4204	.4224	.4245	67°
23°	.4245	.4265	.4286	.4307	.4327	.4348	.4369	.4390	.4411	.4431	.4452	66°
24°	.4452	.4473	.4494	.4515	.4536	.4557	.4578	.4599	.4621	.4642	.4663	65°
25°	.4663	.4684	.4706	.4727	.4748	.4770	.4791	.4813	.4834	.4856	.4877	64°
26°	.4877	.4899	.4921	.4942	.4964	.4986	.5008	.5029	.5051	.5073	.5095	63°
27°	.5095	.5117	.5139	.5161	.5184	.5206	.5228	.5250	.5272	.5295	.5317	62°
28°	.5317	.5340	.5362	.5384	.5407	.5430	.5452	.5475	.5498	.5520	.5543	61°
29°	.5543	.5566	.5589	.5612	.5635	.5658	.5681	.5704	.5727	.5750	.5774	60°
30°	.5774	.5797	.5820	.5844	.5867	.5890	.5914	.5938	.5961	.5985	.6009	59°
31°	.6009	.6032	.6056	.6080	.6104	.6128	.6152	.6176	.6200	.6224	.6249	58°
32°	.6249	.6273	.6297	.6322	.6346	.6371	.6395	.6420	.6445	.6469	.6494	57°
33°	.6494	.6519	.6544	.6569	.6594	.6619	.6644	.6669	.6694	.6720	.6745	56°
34°	.6745	.6771	.6796	.6822	.6847	.6873	.6899	.6924	.6950	.6976	.7002	55°
35°	.7002	.7028	.7054	.7080	.7107	.7133	.7159	.7186	.7212	.7239	.7265	54°
36°	.7265	.7292	.7319	.7346	.7373	.7400	.7427	.7454	.7481	.7508	.7536	53°
37°	.7536	.7563	.7590	.7618	.7646	.7673	.7701	.7729	.7757	.7785	.7813	52°
38°	.7813	.7841	.7869	.7898	.7926	.7954	.7983	.8012	.8040	.8069	.8098	51°
39°	.8098	.8127	.8156	.8185	.8214	.8243	.8273	.8302	.8332	.8361	.8391	50°
40°	.8391	.8421	.8451	.8481	.8511	.8541	.8571	.8601	.8632	.8662	.8693	49°
41°	.8693	.8724	.8754	.8785	.8816	.8847	.8878	.8910	.8941	.8972	.9004	48°
42°	.9004	.9036	.9067	.9099	.9131	.9163	.9195	.9228	.9260	.9293	.9325	47°
43°	.9325	.9358	.9391	.9424	.9457	.9490	.9523	.9556	.9590	.9623	.9657	46°
44°	.9657	.9691	.9725	.9759	.9793	.9827	.9861	.9896	.9930	.9965	1.0000	45°
—	60′	54′	48′	42′	36′	30′	24′	18′	12′	6′	0′	*y*

cot *y*

正規分布表

0から Z（標準偏差を単位として）までに含まれる正規分布の面積 I（Z）

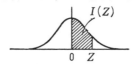

Z	0.00	0.01	0.02	0.03	0.04	0.05	0.06	0.07	0.08	0.09
+0.0	0.0000	0.0040	0.0080	0.0120	0.0160	0.0199	0.0239	0.0279	0.0319	0.0359
+0.1	0.0398	0.0438	0.0478	0.0517	0.0557	0.0596	0.0636	0.0675	0.0714	0.0753
+0.2	0.0793	0.0832	0.0871	0.0910	0.0948	0.0987	0.1026	0.1064	0.1103	0.1141
+0.3	0.1179	0.1217	0.1255	0.1293	0.1331	0.1368	0.1406	0.1443	0.1480	0.1517
+0.4	0.1554	0.1591	0.1628	0.1664	0.1700	0.1736	0.1772	0.1808	0.1844	0.1879
+0.5	0.1915	0.1950	0.1985	0.2019	0.2054	0.2088	0.2123	0.2157	0.2190	0.2224
+0.6	0.2257	0.2291	0.2324	0.2357	0.2389	0.2422	0.2454	0.2486	0.2517	0.2549
+0.7	0.2580	0.2611	0.2642	0.2673	0.2704	0.2734	0.2764	0.2794	0.2823	0.2852
+0.8	0.2881	0.2910	0.2939	0.2967	0.2995	0.3023	0.3051	0.3079	0.3106	0.3133
+0.9	0.3159	0.3186	0.3212	0.3238	0.3264	0.3289	0.3315	0.3340	0.3365	0.3389
+1.0	0.3413	0.3438	0.3461	0.3485	0.3508	0.3531	0.3554	0.3577	0.3599	0.3621
+1.1	0.3643	0.3665	0.3686	0.3708	0.3729	0.3749	0.3770	0.3790	0.3810	0.3830
+1.2	0.3849	0.3869	0.3888	0.3907	0.3925	0.3944	0.3962	0.3980	0.3997	0.4015
+1.3	0.4032	0.4049	0.4066	0.4082	0.4099	0.4115	0.4131	0.4147	0.4162	0.4177
+1.4	0.4192	0.4207	0.4222	0.4236	0.4251	0.4265	0.4279	0.4292	0.4306	0.4319
+1.5	0.4332	0.4345	0.4357	0.4370	0.4382	0.4394	0.4406	0.4418	0.4429	0.4441
+1.6	0.4452	0.4463	0.4474	0.4484	0.4495	0.4505	0.4515	0.4525	0.4535	0.4545
+1.7	0.4554	0.4564	0.4573	0.4582	0.4591	0.4599	0.4608	0.4616	0.4625	0.4633
+1.8	0.4641	0.4649	0.4656	0.4664	0.4671	0.4678	0.4686	0.4693	0.4699	0.4706
+1.9	0.4713	0.4719	0.4726	0.4732	0.4738	0.4744	0.4750	0.4756	0.4761	0.4767
+2.0	0.4773	0.4778	0.4783	0.4788	0.4793	0.4798	0.4803	0.4808	0.4812	0.4817
+2.1	0.4821	0.4826	0.4830	0.4834	0.4838	0.4842	0.4846	0.4850	0.4854	0.4857
+2.2	0.4861	0.4864	0.4868	0.4871	0.4875	0.4878	0.4881	0.4884	0.4887	0.4890
+2.3	0.4893	0.4896	0.4898	0.4901	0.4904	0.4906	0.4909	0.4911	0.4913	0.4916
+2.4	0.4918	0.4920	0.4922	0.4925	0.4927	0.4929	0.4931	0.4932	0.4934	0.4936
+2.5	0.4938	0.4940	0.4941	0.4943	0.4945	0.4946	0.4948	0.4949	0.4951	0.4952
+2.6	0.4953	0.4955	0.4956	0.4957	0.4959	0.4960	0.4961	0.4962	0.4963	0.4964
+2.7	0.4965	0.4966	0.4967	0.4968	0.4969	0.4970	0.4971	0.4972	0.4973	0.4974
+2.8	0.4974	0.4975	0.4976	0.4977	0.4977	0.4978	0.4979	0.4979	0.4980	0.4981
+2.9	0.4981	0.4982	0.4983	0.4983	0.4984	0.4984	0.4985	0.4985	0.4986	0.4986
+3.0	0.49865	0.49869	0.49874	0.49878	0.49882	0.49886	0.49889	0.49893	0.49896	0.49900

索　引

264

著者紹介

大村　平 （工学博士）
<small>おおむら　ひとし</small>

1930 年	秋田県に生まれる
1953 年	東京工業大学機械工学科卒業
	防衛庁空幕技術部長，航空実験団司令，
	西部航空方面隊司令官，航空幕僚長を歴任
1987 年	退官．その後，防衛庁技術研究本部技術顧問，
	お茶の水女子大非常勤講師，日本電気株式会社顧問，
	(社)日本航空宇宙工業会顧問などを歴任

数学公式のはなし【改訂版】
—楽しく学ぶ先人の知恵—

1996 年 3 月 18 日　第 1 刷発行
2011 年 11 月 22 日　第 7 刷発行
2020 年 5 月 30 日　改訂版 第 1 刷発行

検 印
省 略

著　者　大村　　平
発行人　戸羽　節文

発行所　株式会社　日科技連出版社
〒 151-0051 東京都渋谷区千駄ヶ谷 5-15-5
DS ビル
電話　出版　03-5379-1244
　　　営業　03-5379-1238

Printed in Japan

印刷・製本　壮光舎印刷株式会社

©Hitoshi Ohmura 1996, 2020

ISBN 978-4-8171-9699-6

URL https://www.juse-p.co.jp